JN109919

ライブラリ工科系物質科学＝6

工学のための

高分子材料化学
［新訂版］

川上浩良　著

サイエンス社

サイエンス社のホームページのご案内
https://www.saiensu.co.jp
ご意見・ご要望は　rikei@saiensu.co.jp　まで

新訂版　まえがき

　本書の出版から 20 年以上が経ち，20 年前では考えられないほど地球環境は劣悪になった．本書は当初から地球環境問題にも焦点を当て，高分子材料がいかに地球環境問題の解決に貢献できるのか述べてきた．しかし 20 年の間に『地球温暖化』の時代が終わり『地球沸騰化』の時代が到来，人類は従来の気候変動対策では間に合わないほどの危機的状況に追い込まれている．一方で地球環境関連の高分子材料に対する期待は引き続き高い．

　また初版では地球環境問題の他に，高分子材料がいかに医療分野で活躍できるのかも述べてきた．今日，世界的な新型コロナウイルス感染症のパンデミックにより，改めて医療分野の研究に注目が集まっている．今後出現するであろう新しいウイルスにも高分子材料で対応することが期待されている．

　一方，これら高分子材料を開発するための合成技術や高分子材料に関する物性の理解に関しては基本的に大きな変化はない．本書で紹介してきたような基礎的な高分子化学の合成や物性を正しく理解していれば，高分子材料化学への対応は可能である．

　新訂版では特にこの 20 年間で人々の関心が高まり，また社会的にも要望が高い分野，環境，エネルギー，医療（4, 5, 6 章）を中心に，それに関わる最新の高分子材料やそれを開発する上での材料設計などに焦点を当てて加筆した．本書の高分子材料化学の入門書としての位置付けは変わらないため，大学 1 年生から 3 年生まで，あるいは高分子材料に興味がある技術者や研究者が理解できるようにまとめている．また最新の内容も盛り込んでいるため，大学院で高分子材料化学を専門的に学びたい学生の入門書にも適している．

　最後に本書の企画や編集で大変お世話になった，(株)サイエンス社の田島伸彦氏，鈴木綾子氏，仁平貴大氏に心から御礼申し上げる．

2024 年 2 月

川上　浩良

まえがき

　工学とは社会に貢献する実学で，その基本は『ものつくり』にある．従って，工学はものつくりの理論と実践を学ぶ学問といえよう．20世紀，人類は大量生産・大量消費を目的にものつくりや消費を繰り返すことにより，豊かな社会を築いてきた．しかし一方で，豊かな物質社会は地球温暖化などの地球規模の環境問題や，有限資源の大量消費，大量な廃棄物の堆積など，解決困難な多くの問題も引き起こしてきた．高分子材料は金属，セラミックと並んで大量生産・大量消費されてきた材料であるため，高分子化学者はこれらの問題の解決に向け多大な努力を払う必要がある．

　このような問題に対応するため，21世紀の社会は環境調和型に変えていく必要がある．そのためには，あらゆる物質で循環型の材料が求められるようになろう．高分子材料も例外ではない．本書ではこのような観点から，6章に環境と高分子に関する内容を盛り込んだ．高分子の立場から環境問題について考えていただければありがたい．また，現在の高分子材料は石油化学に立脚し成り立っているが，有限な資源を有効活用するには，様々な分野で用いられている高分子材料の機能を高めていく必要もある．そのような取り組みが結果として資源の無駄をなくし，省エネルギーにも繋がることになろう．

　本書は環境問題を意識しながら，高分子を材料の面からとらえ，その設計と合成プロセスに基づく材料の開発と機能について，基礎から応用まで，内容も環境，バイオ，分離・認識材料，電子・磁性・光材料，さらには高性能材料まで広範囲に及ぶ領域をカバーしている．

　高分子化学に関する優れた成書は数多く出版されているが，本書は必ずしも高分子化学を専門としない，または材料として高分子に接している人達，例えば化学を専門としない工学部の学生や工学系技術者でも理解できるよう，平易な文章でわかりやすく解説している．本書は高分子材料化学の入門書として，大学1年生から3年生まで，高分子材料に興味がある技術者や研究者が気軽に読んで理解できるようまとめられている．しかし，取り上げた高分子材料はそ

のほとんどが最先端の内容を含んでいるため，読み応えは十分あり，高分子化学を専門とする大学院の学生にも専門の入門書として十分役立つものと確信している．

　いずれにせよ，本書を通じ『ものつくり』の楽しさを感じてもらい，新しい『ものつくり』へ挑戦する研究者が1人でも増えることを切望している．

　最後に本書の企画・編集で大変お世話になった(株)サイエンス社田島伸彦氏，鈴木綾子氏に心から御礼申し上げる．

2001年6月

川上　浩良

目　次

3　高性能高分子材料　　　63

4　電子・磁性・光材料　　　81

7　環境と高分子　　　　191

① 高分子とは

　高分子材料は身の周りに溢れている．天然ゴムに始まり，ラップフィルム，繊維，紙おむつ，ペットボトル，発泡プラスチックなど数え上げたらきりがないほど身近な存在である．セルロース，ナイロン，フェノール樹脂，塩化ビニル，ポリエチレンなど，私達は既に日常的に高分子材料を目にし耳にしている（図1.1）．

● 1.1　高分子とは ●

1.1.1　巨大分子と高分子

　高分子を定義すると「分子量がきわめて大きい有機化合物」ということになる．分子と分子の共有結合を基礎としてできた巨大分子（Macromolecules）を意味しており，1920年代シュタウディンガーにより提案された概念である．しかし，シュタウディンガーによるこの巨大分子説はすぐには受け入れられず，有機化学者などから猛烈な反論を浴びることになる．その後，巨大分子の実在と実験的実証により，ようやく1936年頃その概念が認められるようになった．この巨大分子，つまり高分子の特徴は，化学，物理学，生物学など多くの自然科学の領域に密接に関係していることである．そのため，高分子化学は後の自然科学に大きなインパクトを与えることになる（シュタウディンガーはこの業績により，1953年ノーベル賞を受賞する）．最近では高分子のことをポリマー（Polymer）と呼ぶことが多く，現在ではPolymerとMacromoleculesは同義に用いられている．

　ではどれくらいの分子量のものを高分子と呼ぶのであろうか．実ははっきりとした定義はない．多くの場合，分子量が1万以上のものを高分子と考えている．しかし，分子量が1万ということに特別な意味がある訳ではない．高分子としての性質を表すにはこの程度の高分子が必要だという意味である．一方，分子量が数千程度の化合物はオリゴマーと呼ばれている．

1.1.2　高分子と低分子のちがい

　高分子は分子量が大きいため，低分子では見られない様々な性質を示す．例えば表1.1には，ポリエチレンの分子量といくつかの特性の変化をまとめたが，分子量が増えるに伴い融点，沸点，その外観が大きく変化していくことがわかる．融点は分子量の増加により向上し，重合度（n）が100を超えるとほぼ一

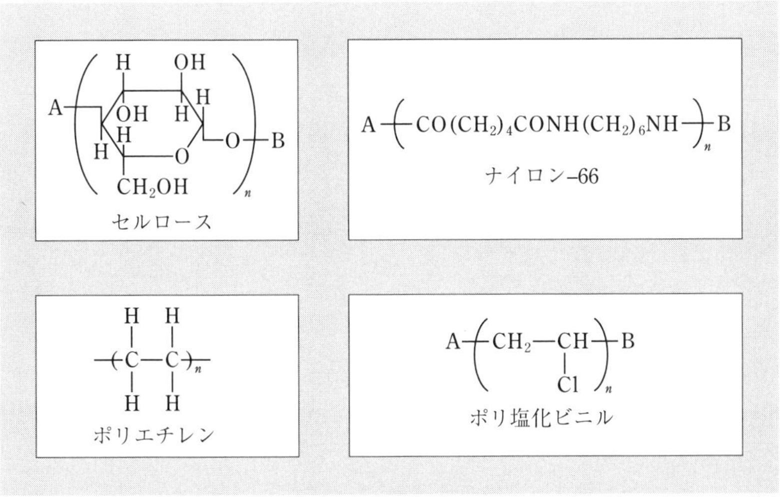

図 1.1　代表的な高分子

表 1.1　ポリエチレン $H \cdot (CH_2-CH_2)_n \cdot H$ の分子量と性質

重合度 (n)	分 子 量	融 点（℃）	沸点 $\left(\dfrac{℃}{mmHg}\right)$	外　観
1	30	-183	$-88.6/760$	気体
5	142	-30	$174/760$	液体
10	282	36	$205/150$	固体（結晶）
30	844	99	$250/10^{-5}$	固体（結晶）
60	1684	100	分　解	ろう状固体
100	2802	106	分　解	もろい固体
1000	28002	110	分　解	硬 い 固 体

定となる．沸点も同様に分子量とともに上昇していくが，重合度が 60 程度になると気化することができず分解することになる．ポリエチレンの外観も重合度により大きく異なり，気体，液体を経て重合度が 10 で固体となり，さらに分子量の増加により硬い固体へと変化してゆく．

　高分子の固体は低分子の固体とは異なった性質も示す．例えば，セラミックスなどの無機物では大変硬い構造体を形成するが，一方で脆いという特徴を持っている．しかし，高分子は柔軟性を持ちながら機械的強度を併せ持つため，無機物などに比べ優れた成形性を示す．これは，分子量が大きくなることから生じてくる高分子の特徴であり，金属，セラミックスに比べても柔軟で強靱な特徴を持っている．

1.1.3　高分子とはどのようなもの

　ポリエチレンを例に高分子と低分子の違いを比較したが，具体的にはどのような化合物を高分子と呼ぶのであろうか．自然界に存在する**生体高分子**，人工的につくられた**合成高分子**を例にその特徴を説明しよう．

● 生体高分子 ● ●

　生命の本質は複数の高分子からなるヘテロ高分子であり，核酸，タンパク質，多糖類，脂質などの生体高分子がすべての生命現象を司っていると言っても決して過言ではない．つまり，生体高分子は生命の基本をなす化合物であり，高分子化学の重要な課題の 1 つが，これら生体高分子の機能解明と生体高分子の機能を持つ人工高分子のデザインと合成である．

　核酸は

1）タンパク質のアミノ酸配列の情報

2）タンパク質合成の鋳型

といった役割を担っている．**核酸**には，**デオキシリボ核酸**（DNA），**リボ核酸**（RNA）の 2 種類あり，DNA は生体や細胞のすべての情報を集めた倉庫である．この情報は世代から世代へ正確に複製され伝達される（図 1.2）．さらに，DNA の複製は RNA へ転写され，タンパク質へと翻訳されていく．DNA も RNA も一次構造はヌクレオチドが鎖状に結合した線状高分子である．この高分子が核酸塩基同士の特異的な相互作用を形成することにより情報を迅速かつ大量に伝達できるようになる（図 1.3）．従って，核酸が切断された状態では正確に情報は伝わらない．

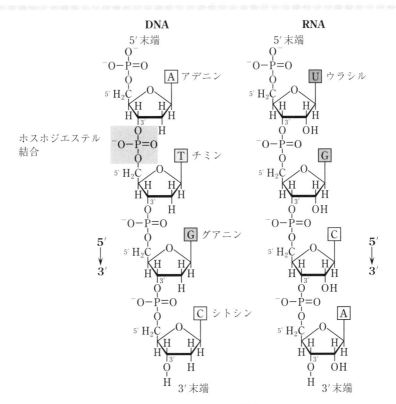

図 1.2　DNA と RNA の構造

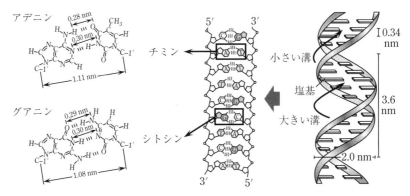

図 1.3　DNA の二重らせんと塩基対間の水素結合

　タンパク質はアミノ酸の重合体からなるポリペプチドである．天然には20種類のアミノ酸があるため，例えば100残基のアミノ酸からなるタンパク質を合成しようとすると20^{100}種類のアミノ酸の組み合わせを考える必要がある（表1.2）．このような多くの組み合わせの中から，自然界では安定で有効な機能を持つタンパク質だけが瞬時のうちに合成される．タンパク質はアミノ酸配列に従った構造を取り，規則的なヘリックス構造（α構造），プリーツシーツ構造（β構造），折り返し構造（βターン）などから形成される（図1.4, p.8）．さらにX線解析からタンパク質には4つの階層（1次構造，2次構造，3次構造，4次構造）が存在することもわかっている（図1.5, p.9）．多くのタンパク質はポリペプチド1本鎖からなるのではなく，ポリペプチドが一定方向に特異的に会合していることが明らかとなっている．このサブユニットの空間配置をタンパク質の4次構造と呼んでいる．

　機能の面からタンパク質に注目すると，特に重要なタンパク質は**酵素**と**抗体**であろう．酵素タンパク質は特定の基質とのみ特異的に迅速な化学反応を起こすタンパク質のことを言う．一方，抗体タンパク質は異物分子を認識し，速やかに体内からその異物を除去するタンパク質である．

　糖質は地球上で最も豊富に存在する生体成分で，植物などの光合成によりセルロースなどが大量に作られている．糖の基本骨格は単糖である．オリゴ糖は単糖単位が数個共有結合でつながった構造をしている．タンパク質や脂質と結合した糖は糖タンパク質，糖脂質と呼ばれ，生体内でさまざまな役割を担っている．多糖は多くの単糖が共有結合で結ばれた巨大な生体高分子である（図1.6, p.9）．生体内で糖質は，細胞の接着や細胞表面での認識部位としての機能，細胞構造の支持体，代謝経路でのシグナルなど，多彩な役割を果たしている．

● **合成高分子** ● ●

　生体高分子は上述したように極めて巧みな構造と機能を持っている．それに比べ合成高分子はどのような構造を形成し，機能を果たしているのだろうか．以下にいくつか具体的な例を挙げて説明しよう．

　ポリ塩化ビニルはダイオキシンとの関連性が指摘されている合成高分子であるが，塩素原子を持ち非結晶性であるため他の合成高分子にはない，いくつかの際立った特徴を持っている．例えば，機械的強度に優れ難燃性であるため良

表 1.2 タンパク質に含まれる標準アミノ酸の構造

名　称 （三文字表記）	構造式	名　称 （三文字表記）	構造式
非極性側鎖アミノ酸		**極性無電荷側鎖アミノ酸**	
グリシン （Gly）	COO^- $H-\overset{}{\underset{NH_3^+}{C}}-H$	セリン （Ser）	COO^- $H-\overset{}{\underset{NH_3^+}{C}}-CH_2-OH$
アラニン （Ala）	COO^- $H-\overset{}{\underset{NH_3^+}{C}}-CH_3$	トレオニン （Thr）	$COO^-\ \ H$ $H-\overset{}{\underset{NH_3^+}{C}}-\overset{}{\underset{OH}{C^*}}-CH_3$
バリン （Val）	$COO^-\ \ CH_3$ $H-\overset{}{\underset{NH_3^+}{C}}-\overset{}{\underset{CH_3}{CH}}$	アスパラギン （Asn）	$COO^-\ \ \ \ \ O$ $H-\overset{}{\underset{NH_3^+}{C}}-CH_2-\overset{}{\underset{NH_2}{C}}$
ロイシン （Leu）	$COO^-\ \ \ \ CH_3$ $H-\overset{}{\underset{NH_3^+}{C}}-CH_2-\overset{}{\underset{CH_3}{CH}}$	グルタミン （Gln）	$COO^-\ \ \ \ \ \ \ \ O$ $H-\overset{}{\underset{NH_3^+}{C}}-CH_2-CH_2-\overset{}{\underset{NH_2}{C}}$
イソロイシン （Ile）	$COO^-\ \ CH_3$ $H-\overset{}{\underset{NH_3^+}{C}}-\overset{}{\underset{H}{C^*}}-CH_2-CH_3$	チロシン （Tyr）	COO^- $H-\overset{}{\underset{NH_3^+}{C}}-CH_2-\bigcirc-OH$
メチオニン （Met）	COO^- $H-\overset{}{\underset{NH_3^+}{C}}-CH_2-CH_2-S-CH_3$	システイン （Cys）	COO^- $H-\overset{}{\underset{NH_3^+}{C}}-CH_2-SH$
プロリン （Pro）	（環状構造） COO^-, H_2C, CH_2, CH_2, $N-H$	**極性電荷側鎖アミノ酸**	
フェニルアラニン （Phe）	COO^- $H-\overset{}{\underset{NH_3^+}{C}}-CH_2-\bigcirc$	リシン （Lys）	COO^- $H-\overset{}{\underset{NH_3^+}{C}}-CH_2-CH_2-CH_2-CH_2-NH_3^+$
トリプトファン （Trp）	COO^- $H-\overset{}{\underset{NH_3^+}{C}}-CH_2$（インドール環）	アルギニン （Arg）	$COO^-\ \ \ \ \ \ \ \ \ \ \ \ \ NH_2$ $H-\overset{}{\underset{NH_3^+}{C}}-CH_2-CH_2-CH_2-NH-\overset{}{\underset{NH_2^+}{C}}$
		ヒスチジン （His）	COO^- $H-\overset{}{\underset{NH_3^+}{C}}-CH_2$（イミダゾール環）
		アスパラギン酸 （Asp）	$COO^-\ \ \ \ \ O$ $H-\overset{}{\underset{NH_3^+}{C}}-CH_2-\overset{}{\underset{O^-}{C}}$
		グルタミン酸 （Glu）	$COO^-\ \ \ \ \ \ \ \ O$ $H-\overset{}{\underset{NH_3^+}{C}}-CH_2-CH_2-\overset{}{\underset{O^-}{C}}$

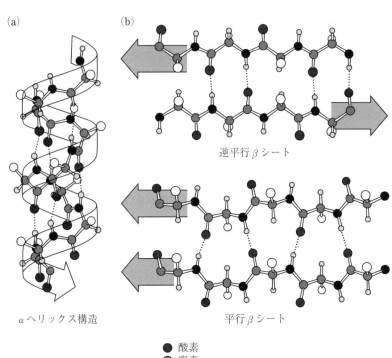

(a)

(b)

逆平行βシート

平行βシート

αヘリックス構造

● 酸素
● 窒素
● 炭素
○ アルキル基
๐ 水素

図1.4　タンパク質の立体構造（a）右巻きαヘリックス構造
（b）逆平行βシートおよび平行βシート構造

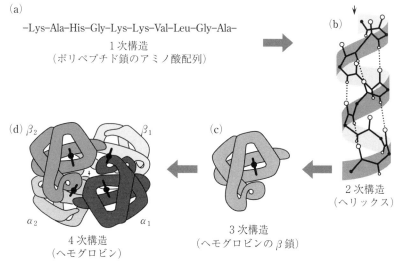

図 1.5 タンパク質（ヘモグロビン）の階層構造
（a）1 次構造 （b）2 次構造 （c）3 次構造 （d）4 次構造

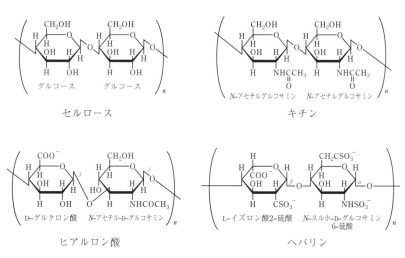

図 1.6 代表的な多糖の構造

好な耐久性を有している．さらに，添加剤を用いることにより強度も思いのままに変えられる．ポリ塩化ビニルの用途は極めて広範囲におよび，パイプ，建材，電気用配管，フィルム，車両部品などに使用されている．また，他のプラスチックに比べ製造に要するエネルギー消費量が極めて少なく，性能だけでなくコスト，炭酸ガス放出量，など多くの面で優れた素材と言える．さらに，ポリ塩化ビニルは耐久性，汎用性，繰り返しの加工性などが他の汎用プラスチックに比べ大変優れているため，リサイクルにも適した合成高分子である．

　ポリ塩化ビニルを含めた高密度ポリエチレン，低密度ポリエチレン，ポリプロピレン，ポリスチレンは5大汎用プラスチックと言われ，国内での高密度ポリエチレン以外の年間使用量は100万トンを超えている（図1.7）．ただし，これら汎用プラスチックの用途は現状樹脂，繊維，ゴムなどに限られている．

　また，耐熱性や機械的強度に優れた高分子材料には**エンジニアリングプラスチック**がある．エンジニアリングプラスチックは比較的低温（400℃以下）で成型加工ができ，金属やセラミックスに比べ比重も小さいことから電子材料・自動車部品などを中心に使用されている．最近では**スーパーエンジニアリングプラスチック**も登場し，宇宙航空，精密機械など広い産業分野で利用されるようになってきた．しかし，これまでに述べてきた合成高分子材料の機能は主に構造形成としての機能であり，金属材料，無機材料の代替物を目指した材料開発であった．つまり多くの合成高分子は，強度，弾性などの機械的あるいは力学的性能が求められる高性能材料として発展してきたのである．そして，これら合成高分子は，ほとんどすべてが線状構造を基本骨格とする構造をとった．

　一方，最近になり従来の線状高分子を基本とする高分子構造とは本質的に異なる新構造をとる高分子が合成されるようになってきた．デンドリマーポリマー，ハイパーブランチポリマー，ロタキサン，高分子カテナンなどがそれであり，図1.8に見られるように，これら高分子のさまざまな異形構造を眺めていると，高分子もいよいよアーキテクチャーの時代に突入したことがわかる．そしてこれら**異形構造高分子**の特徴は，分子量，分子量分布，高次構造，集合体構造などをある程度意のままに制御できることである．そのため，これら高分子はこれまでにない性能や機能を発現することが期待されている．生体高分子が持つ分子認識，触媒機能（酵素活性）の実現も夢ではない，そう思わせる高分子が合成され始めた．

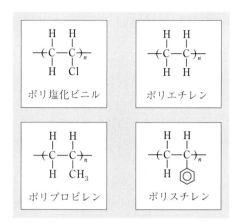

図 1.7 汎用プラスチックの構造

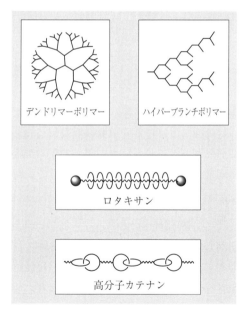

図 1.8 異形構造高分子

● 1.2　高分子の大きさ ●

1.2.1　分子量と分子量分布

　次に高分子の最も重要な特徴の 1 つである**分子量**について取り上げよう．高分子と低分子の違いについてはポリエチレンを例に比較したが，もう 1 つ重要な違いは，低分子が単分散であるのに対し高分子が多分散を示すということである．低分子は精製することにより単一の分子量を得ることができるのに対し，高分子はいくつかの分子量の異なる化合物からなるため，一般にその分子量は平均分子量で表されることになる．そして，高分子の分散性は**分子量分布**を用いて評価される．

　それではなぜ高分子は，このような異なる分子量の混合系から構成されるのであろうか．ビニルモノマーのラジカル重合を例に説明しよう．**ラジカル重合**とは連鎖重合の一種で，活性種としてラジカルを用いた重合法のことである．モノマー（M）へ開始剤（I）から生成したラジカル（R$^\bullet$）が反応することによりラジカル重合は開始される．

$$I \xrightarrow{k_d} 2R^\bullet$$
$$R^\bullet + M \xrightarrow{k_i} M^\bullet$$
$$M^\bullet + M \xrightarrow{k_p} M^\bullet$$

ラジカル化された M は新たな M を攻撃，生長ラジカル（M$^\bullet$）となり，その反応が次々と繰り返し起こることにより分子量は増大していく(生長反応)．しかし，ある程度重合度が上がると生長ラジカル同士の反応が起き生長反応は停止する．ここで k は速度定数を表す（詳細な機構は 2 章で説明する）．

$$2M^\bullet \xrightarrow{k_{+c}} P \quad （再結合）$$
$$2M^\bullet \xrightarrow{k_{+d}} 2P \quad （不均化）$$

さらに，実際の停止反応には連鎖移動反応なども含まれるため，分子量の異なる多くの高分子が存在することになる．このように，複雑な反応機能の組み合わせで分子量は決定されるため，高分子の分子量は固有の分子量として表されるのではなく，合成された高分子ごとに求められる平均の分子量として表されることになる．つまり，一般的な合成高分子は異なる分子量から構成される多分散性高分子となるのである．図 1.9 には高分子の分子量分布曲線を示した．図から合成高分子が幅広い多分散性を示すのに対し，生体高分子，天然高分子な

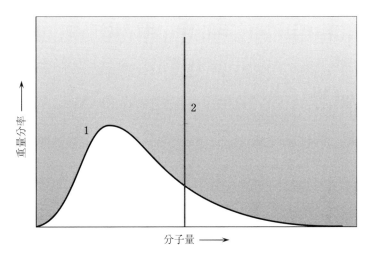

1：ラジカル重合によって得られた合成高分子
2：生体高分子

図1.9　高分子の分子量分布曲線

どは単一の高分子からなる単分散を示すことがわかる．この点は合成高分子と生体高分子の大きな違いである．特殊な重合法を用いた高分子を除き，通常の重合法で合成された高分子は，一般に幅広い分子量分布を示す多分散性高分子となる．

平均分子量の求め方は測定法により異なるが（表1.3），多分散性高分子では

$$\overline{M}_z > \overline{M}_w > \overline{M}_v > \overline{M}_n$$

となるのに対し，単分散性高分子では

$$\overline{M}_z = \overline{M}_w = \overline{M}_v = \overline{M}_n$$

となり，

$$\overline{M}_w / \overline{M}_n > 1$$

がより大きくなるほど，多分散性高分子の分子量分布曲線は幅広くなる（図1.10）．

1.2.2　分子量の測定法

図1.10に示されるように，多分散性の高分子の分子量は固有の値ではない．しかもその分子量は測定法により異なる平均分子量として求められることになる．これら**分子量測定法**の多くは，高分子の希薄溶液の理論に基づいて解析されている．次に代表的な分子量測定法を2つ紹介しよう．

● クロマトグラフィー法 ● ●

現在，分子量測定法として最も広く用いられているのは**ゲル浸透クロマトグラフィー法**（GPC）である．これは，GPC法が分子量を迅速かつ簡便に測定でき，しかも分子量分布も同時にわかるためである．GPCには網目構造を持つゲルが用いられ，分子量の異なる溶質がゲルの網目構造に浸透する深さの違いにより分別する方法である．ゲルの網目構造により，大きい分子量の溶質はゲル内部に浸透できないので速く溶離されるのに対し，分子量の小さい溶質は網目の内部に深く浸透するため溶離するのに時間がかかる．この違いを利用して分子量を測定している．

● 粘度法 ● ●

一方，古典的な測定法ではあるが，たいした装置を必要とせず簡便に測定できる方法に**粘度法**がある．粘度法は経験則に基づいた相対法であるが，粘度と

表 1.3 高分子の分子量測定法

方　法	型	平均分子量	有効な測定分子量範囲
膜浸透圧	絶対法	$\overline{M}_n$	$10^4 \sim 10^6$
蒸気圧浸透圧	絶対法	$\overline{M}_n$	$< 10^5$
光散乱	絶対法	$\overline{M}_w$	$10^3 \sim 5 \times 10^7$
X 線小角散乱	絶対法	$\overline{M}_w$	$10^2 \sim 10^6$
沈降平衡	絶対法	$\overline{M}_w, \overline{M}_z$	$10^2 \sim 10^6$
沈降と拡散	絶対法	$\overline{M}_{r, D}$	$10^3 \sim 10^7$
固有粘度	相対法	$\overline{M}_v$	$10^2 \sim 5 \times 10^7$
沈降と粘度	相対法	$\overline{M}_{s, \eta}$	$10^2 \sim 10^7$
GPC	相対法	$\overline{M}_n, \overline{M}_w, \overline{M}_z$	$10^2 \sim 5 \times 10^6$

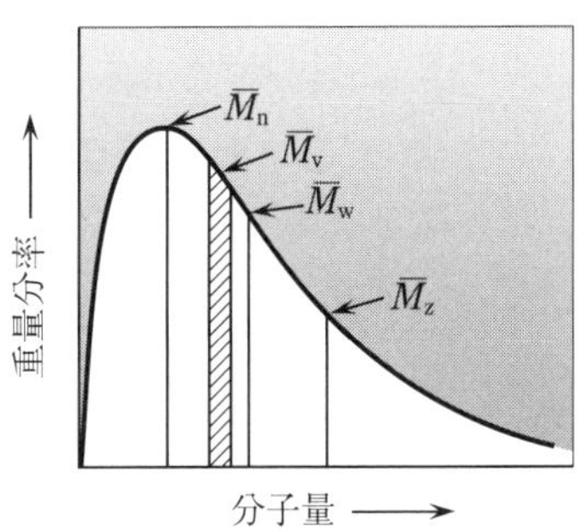

数平均分子量
（number–average molecular weight）

$$\overline{M}_n = \frac{\sum N_i M_i}{\sum N_i}$$

重量平均分子量
（weight–average molecular weight）

$$\overline{M}_w = \frac{\sum N_i M_i^2}{\sum N_i M_i}$$

z 平均分子量
（z–average molecular weight）

$$\overline{M}_z = \frac{\sum N_i M_i^3}{\sum N_i M_i^2}$$

粘度平均分子量
（viscosity–average molecular weight）

$$\overline{M}_v = \left(\frac{\sum N_i M_i^{a+1}}{\sum N_i M_i} \right)^{1/a}$$

M：分子量　N：個数

図 1.10　高分子の分子量分布と平均分子量

分子量の関係が既知であれば容易に M_v を求められる．図 1.11 のような粘度計を用い，毛管中を純溶液，高分子溶液が流出する時間を測定し，最終的に固有粘度 $[\eta]$ を算出する．$[\eta]$ と分子量 $[M]$ の間には次式のような関係が成り立つことが知られている．

$$[\eta] = KM^{\alpha}$$

ここで，K は定数，α は高分子の屈曲性に依存する定数である．α は $0 < \alpha < 2$ であるが，普通は $0.5 < \alpha < 1.0$ の範囲の値を取る．α と高分子鎖の関係は次のように分類できる．

$\alpha = 0$	球状の剛球高分子
$\alpha = 0.5$	理想的高分子鎖
$\alpha = 1.0$	鎖状高分子
$1.0 < \alpha < 2.0$	半屈曲性高分子
$\alpha = 2.0$	剛直棒状高分子

粘度法の利点は，定性的にではあるが高分子鎖の形態がわかるところにある．代表的な高分子については多くのデータが蓄積されているため，これらデータを利用することによりその高分子の状態を容易に推定できる．

● 1.3　高分子の構造 ●

モノマーが共有結合で結ばれた高分子は，その結合様式や重合方法によりさまざまな化学構造や立体構造をとる．1 つのモノマーから重合された高分子を**単独重合体**と呼ぶが，同じ化学式で書ける単独重合体もそのコンホメーションが違えば全く異なる物質を示すことになるので，高分子の構造を正確に把握することはその性質を理解する上で重要である．さらに，2 種類以上のモノマーから重合される**共重合体**となるとその構造はますます複雑になる．

1.3.1　高分子の結合様式

● ビニル重合法 ● ●

先ず，ビニル重合を例に結合様式と構造の関係を説明しよう．単独重合は図 1.12 からわかるように 2 通りの競争反応から生成される．一般に，ビニル重合では頭-尾結合が多く見られ，ポリスチレンのようにベンゼン環と共役した二重結合から重合されると 100%頭-尾結合となる．一方，酢酸ビニルのような非

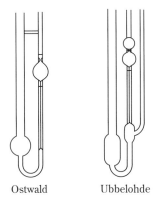

Ostwald   Ubbelohde

図 1.11   粘度計

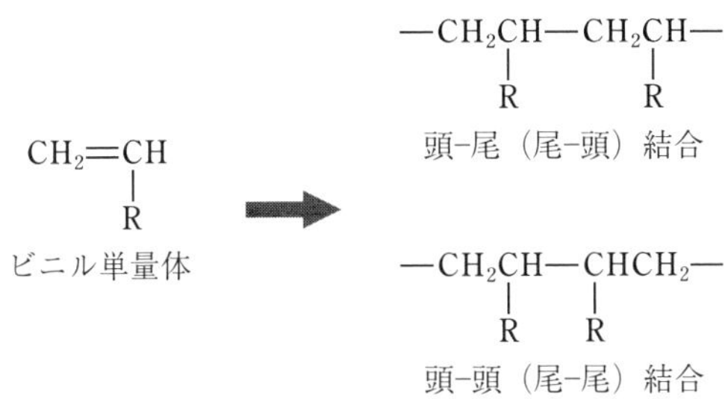

$$CH_2=CH$$
$$\quad\quad |$$
$$\quad\quad R$$

ビニル単量体

$$-CH_2CH-CH_2CH-$$
$$\quad\quad |\quad\quad\quad\quad |$$
$$\quad\quad R\quad\quad\quad\quad R$$

頭-尾（尾-頭）結合

$$-CH_2CH-CHCH_2-$$
$$\quad\quad |\quad\quad\quad |$$
$$\quad\quad R\quad\quad\quad R$$

頭-頭（尾-尾）結合

図 1.12   高分子の結合様式

共役性モノマーを重合すると頭-頭結合を形成しやすくなる．しかし，単独重合でのモノマーの結合は全く任意に結合を繰り返しているのではなく，置換基の立体障害や電子的特性により規制されている（立体規則性）．例えば，ポリプロピレンを考えてみよう．メチル基（$-CH_3$）が片方のみに規則的に結合したポリプロピレンはアイソタクチックポリプロピレンと呼ばれているが，ポリプロピレン樹脂として実用化されているのはこのアイソタクチックポリプロピレンである．それはアイソタクチックポリプロピレンが優れた強度を有しているからである．一方，メチル基が不規則に配列したものはアタクチックポリプロピレンと呼ばれるが，このポリプロピレンは実用化するには強度が足りないため，工業的には利用されていない．また，フェニル基（$-C_6H_5$）をもつポリスチレンでは，フェニル基が主鎖の上下に規則的に配列したシンジオタクチックポリスチレンが合成され，エンジニアリングプラスチックとして利用されるようになった．シンジオタクチックポリスチレンもアタクチック構造をとるポリスチレンに比べ，強度が著しく向上している．このように，高分子の物理学特性や材料特性は高分子の分子量や分子量分布だけでなく，その立体構造にも大きく影響を受けることがわかる（図1.13）．

● ジエン系モノマーの重合 ● ●

次に，ブタジエンのようなジエン系モノマーの重合を考えてみよう．ブタジエンのようなジエン系モノマーを重合すると，図1.14に示すように1,2-，シス1,4-およびトランス1,4-構造が含まれた高分子が合成されてくる．一般にはトランス構造をとる高分子が最も合成されやすい．例えば，50℃でラジカル重合を行うと，1,2-構造が20％，シス1,4-構造が20％，トランス1,4-構造が60％からなるポリブタジエンが生成される．このように，1つのモノマーからも構造が異なる高分子の合成が可能で，当然得られる高分子の性質も著しく異なったものとなる．

● 開環重合 ● ●

環状モノマーを重合するときも，その開裂の仕方により構造は異なる．例えば，プロピレンオキサイドをアニオン，カチオン触媒により**開環重合**を行うと，α, βのいずれの結合で開裂が起こるかにより生成する高分子の頭-尾結合，頭-頭結合の割合は違ってくる（図1.15）．しかも，プロピレンオキサイドは不斉炭素をもつので光学異性体も存在することになる．触媒の選択は構造を決める

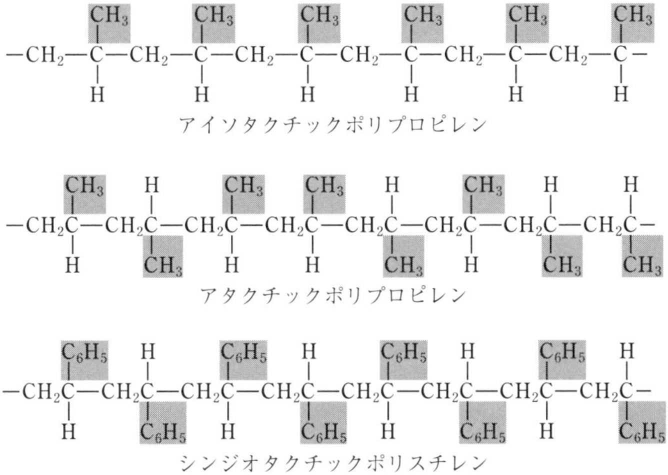

$$-CH_2-\underset{\underset{H}{|}}{\overset{\overset{CH_3}{|}}{C}}-CH_2-\underset{\underset{H}{|}}{\overset{\overset{CH_3}{|}}{C}}-CH_2-\underset{\underset{H}{|}}{\overset{\overset{CH_3}{|}}{C}}-CH_2-\underset{\underset{H}{|}}{\overset{\overset{CH_3}{|}}{C}}-CH_2-\underset{\underset{H}{|}}{\overset{\overset{CH_3}{|}}{C}}-CH_2-\underset{\underset{H}{|}}{\overset{\overset{CH_3}{|}}{C}}-$$

アイソタクチックポリプロピレン

アタクチックポリプロピレン

シンジオタクチックポリスチレン

図 1.13 高分子の立体構造

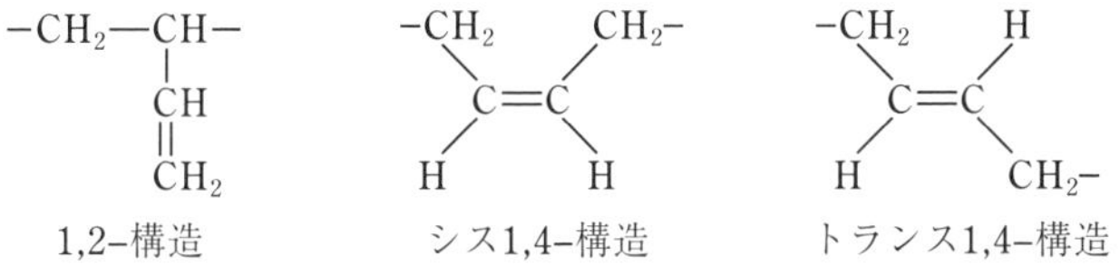

1,2-構造   シス1,4-構造   トランス1,4-構造

図 1.14 ポリブタジエンの異性体構造

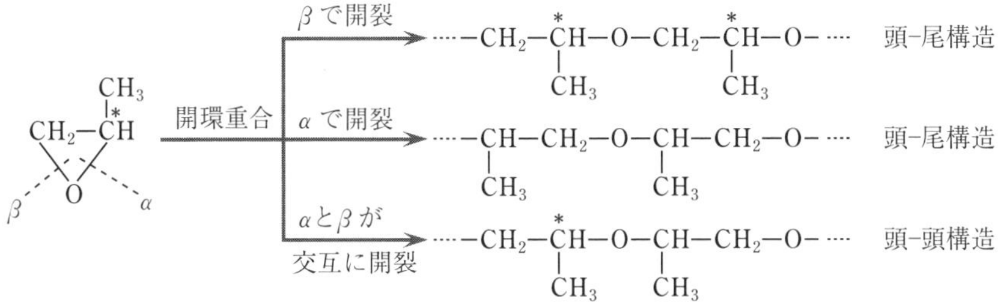

β で開裂 $\cdots\cdots-CH_2-\overset{*}{CH}-O-CH_2-\overset{*}{CH}-O-\cdots\cdots$ 頭-尾構造

開環重合 α で開裂 $\cdots\cdots-CH-CH_2-O-CH-CH_2-O-\cdots\cdots$ 頭-尾構造

α と β が
交互に開裂 $\cdots\cdots-CH_2-\overset{*}{CH}-O-CH-CH_2-O-\cdots\cdots$ 頭-頭構造

図 1.15 プロピレンオキサイドの開環重合

重要な要因で，触媒の活性部位での生長反応が最終的には高分子の構造を決定することが多い．

● 共重合 ● ●

2種類以上の異なったモノマーから構成される高分子は共重合体と呼ばれている．共重合体には，その結合様式により**ランダム共重合体**，**交互共重合体**，**ブロック共重合体**，**グラフト共重合体**の4種の構造が存在する（図1.16）．どのような結合様式で共重合体が合成されるかは，モノマー組成，モノマー反応性比に依存する．例えば，無水マレイン酸のような強い電子受容性モノマーとスチレンのような強い電子供与性モノマーを混合すると，交互共重合が形成される．

ランダム共重合体，交互共重合体，ブロック共重合体の基本構造は線状構造であるのに対し，グラフト共重合体は枝分かれ構造をとる．また，既に記述したように，近年多数の枝からなる樹木状の**多分岐高分子**（デンドリマーポリマーと呼ばれる）が注目されている（図1.17）．多分岐高分子は，枝の空間に様々な官能基を導入することができたり，物質を取り込むこともできるため，新しい機能を持つ高分子材料として期待されている．また多分岐高分子は，構造や分子量が明確な枝を順次結合させて合成していくため，従来のグラフト共重合体とは異なり構造や分子量を正確に知ることができ，構造と機能との相関を予想しやすいといった特徴もある．

1.3.2　新構造高分子

多くの高分子は共有結合を基本とする結合様式からなる線状高分子であることは既に述べたが，共有結合とも異なる結合様式で線状構造とも異なる幾何学構造を有する高分子の合成が近年検討され始めた．デンドリマーポリマー，ハイパーブランチポリマーなども新しい異形構造高分子ではあるが，その結合は基本的には共有結合に依存している．

一方，超分子化学の概念に基づき，モノマーを水素結合や静電的相互作用，配位結合のような弱い結合力で結びつける新しい自己集積型の高分子が注目されている（図1.18）．この**自己集積型高分子**は

1）構造が明確な高次構造の形成
2）低分子がもつ機能の増幅

など精密合成された新しい機能性高分子の創成に繋がる可能性が示されている．

—AABBABAABABB—   　—ABABABABABAB—

ランダム（random）共重合体 　　交互（alternating）共重合体

　　　　　　　　　　　　　　　　　　　　　BBBBBBB−
　　　　　　　　　　　　　　　　　　　　　　│
—AAAAAABBBBBB—   —AAAAAAAAAAAA—
　　　　　　　　　　　　　　　　　　　　　│
　　　　　　　　　　　　　　　　　　　　　BBBBBB−

ブロック（block）共重合体 　　グラフト（graft）共重合体

図 1.16　共重合体の構造

図 1.17　デンドリマーポリマーの一例

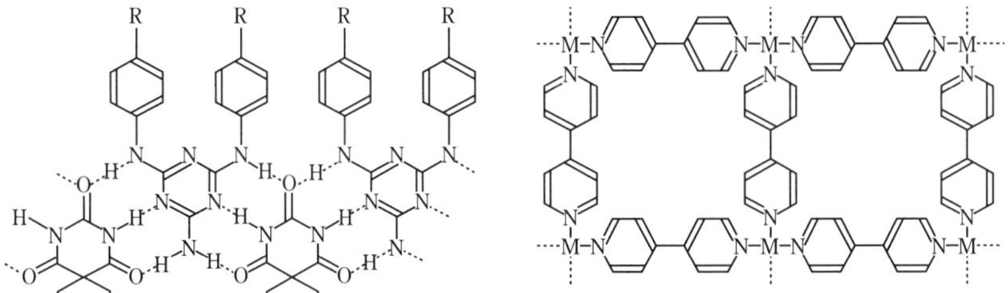

M：金属

図 1.18　自己集積型高分子

生体内では多くの生体成分が水素結合を介して高次構造を形成しているが，例えば，水素結合を基本としてモノマーを結びつけた場合，水素結合はその結合力が弱いため多点で相互作用を形成させる必要がある．そのため，水素結合のネットワークをいかに形成させるかが水素結合を利用した自己集積型高分子の合成のポイントとなる．

　一方，配位結合を用いて自己集積型高分子を合成する場合，配位結合は水素結合より強い結合力をもつため，3次元的な結合を必要とせず中心金属の種類や酸化数を選択することによりさまざまな配位結合を選択することができる．

● 1.4　高分子の熱的性質 ●

　物質に熱を与えるとどうなるか．固体なら温度を上げていくと振動が激しくなりやがて液体となる（このときの温度は融点（T_m）である）．さらに，液体に温度をかけると，液体の運動はますます激しくなり，やがて気体となる（このときの温度は沸点（T_b）である）．物質は一般に固体，液体，気体の三態をとることが知られているが，分子量の大きな高分子ではどのような状態をとるのであろうか．

　結論から言うと，高分子は気体状態をとることができない．一般に物質が気化するには物質間の結合を切る大きな熱エネルギーが必要であるが，高分子のような巨大分子を気化させるには低分子とは比べものにならない，莫大な熱エネルギーが必要となるからである．そのため高分子は気化される以前にその共有結合が破壊されてしまい，結果として高分子は分解されることになる．また，分子量の大きい高分子は，低分子で考えられている特性とは異なる性質を示す．

　低分子の結晶の融点は，熱力学的に平衡状態にあるため結晶の固体と液相の自由エネルギーの等しい温度で表される．そのため T_m は明確な温度として示される．しかし，高分子の場合，分子量に分布があり，しかも高分子構造は結晶構造と非晶構造の二相構造からなるため，低分子とは異なり T_m には幅が現れる．また，高分子では沸点をもたない代わりに**ガラス転移温度**（T_g）が観察される．T_g は高分子が硬いガラス状態から柔らかいゴム状態へ変わる転移温度で，高分子の比容，比熱，屈折率，誘電率，拡散係数，弾性率などの温度変化を測定すると，T_g 近傍で屈曲することが知られている（図 1.19）．ガラス転移温度は高分子の**熱的性質**を知るうえで大変重要な値である（表 1.4）．

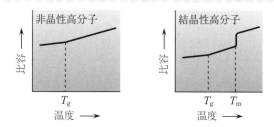

図 1.19　非晶性高分子と結晶性高分子の比容の温度変化

表 1.4　高分子の融点（T_m）とガラス転移点（T_g）

高分子の名称	繰り返し単位の構造式	融点 T_m/℃	ガラス転移点 T_g/℃
ポリカーボネート	$-O-\!\bigcirc\!-\overset{\overset{\displaystyle CH_3}{\vert}}{\underset{\underset{\displaystyle CH_3}{\vert}}{C}}-\!\bigcirc\!-O-\overset{}{\underset{\underset{\displaystyle O}{\Vert}}{C}}-$	220	150
ポリメタクリル酸メチル	$-CH_2\overset{\overset{\displaystyle CH_3}{\vert}}{\underset{\underset{\displaystyle COOCH_3}{\vert}}{C}}-$	—	105
ポリアクリロニトリル	$-CH_2\underset{\underset{\displaystyle CN}{\vert}}{CH}-$	317	104
ポリスチレン	$-CH_2\underset{\underset{\displaystyle C_6H_5}{\vert}}{CH}-$	—	100
ポリ塩化ビニル	$-CH_2\underset{\underset{\displaystyle Cl}{\vert}}{CH}-$	220	83
ポリエチレンテレフタラート	$-\underset{\underset{\displaystyle O}{\Vert}}{C}-\!\bigcirc\!-\underset{\underset{\displaystyle O}{\Vert}}{C}-OCH_2CH_2O-$	267	69
ナイロン 6	$-(CH_2)_5CONH-$	225	50
ナイロン 66	$-NH(CH_2)_6NHCO(CH_2)_4CO-$	265	50
ポリ酢酸ビニル	$-CH_2\underset{\underset{\displaystyle OCOCH_3}{\vert}}{CH}-$	—	29
ポリ塩化ビニリデン	$-CH_2CCl_2-$	190	-17
ポリプロピレン（アイソタクチック）	$-CH_2\underset{\underset{\displaystyle CH_3}{\vert}}{CH}-$	176	-19
ポリイソプレン（シス–1,4–）	$-\underset{\underset{\displaystyle CH_2}{\vert}}{\overset{\overset{\displaystyle CH_3}{\vert}}{C}}=\underset{\underset{\displaystyle CH_2}{\vert}}{\overset{\overset{\displaystyle H}{\vert}}{C}}-$	28	-73
ポリエチレン（低密度）	$-CH_2CH_2-$	105	-80
ポリエチレン（高密度）	$-CH_2CH_2-$	137	-80
ポリジメチルシロキサン	$-Si(CH_3)_2O-$	-40	-123

1.4.1 高分子の融解

一般に高分子は結晶部分と非晶部分から形成されており，結晶部分が熱力学的に安定な結晶とされている．結晶が非晶にかわる温度が高分子の**融点**であるが，先程も述べたように低分子の結晶に比べると融点は幅をもって観察される．結晶性の極めて高い高分子は明瞭な T_m を示すが，一般には結晶部分と非晶部分の二相構造からなるため，100％結晶化された高分子の融点を求めるときは，部分融点を測定し100％へ外挿することにより算出する．

高分子の結晶領域の融点を熱力学的に考察すると融解熱（エントロピー変化）と融解のエンタルピー変化から表すことができる．

$$T_m = \Delta H_m / \Delta S_m$$

ΔH_m, ΔS_m は，一般に高分子の繰り返し単位の分子構造，分子内コンフォメーション，分子間力などに依存する値である．高分子の T_m, ΔH_m, ΔS_m のデータの一部を表 1.5 に示す．

この式からわかることは，融点の高い高分子を設計しようとするなら，ΔH_m が大きいか ΔS_m が小さい，あるいは両方を同時に満たす高分子を設計し合成する必要があると言うことである．ΔH_m を大きくするには高分子間の分子間相互作用を高めることが重要である．例えば，水素結合などを形成する高分子の ΔH_m は大きな値を示すことが知られている．

一方，ΔS_m は高分子の剛直性と屈曲性に支配される．高分子主鎖に屈曲性のある連鎖が入ると ΔS_m は大きくなり融点は低下するが，芳香族環が連なった剛直な高分子構造は小さな ΔS_m を持つ．また，高分子主鎖の分子内回転を抑えるような官能基が入った高分子も小さい ΔS_m を示す．

次に示すが，T_m と T_g の間には経験的に良好な相関関係があることが知られている．そのため，高分子材料を開発するときには，T_m を考慮することが重要となる．

1.4.2 ガラス転移点

● ガラス状態 ● ● ●

高分子に限らず液体状態にある物質をある条件下で冷却すると，過冷却液体をとり凍結され**ガラス状態**になる．ガラス状態は凍結現象であり，時間に依存した緩和現象である．高分子のガラス状態とは，T_g 以下で高分子のミクロブラ

表 1.5 結晶性高分子の融点 (T_m), 融解熱 (ΔH_m), 融解エントロピー (ΔS_m)

ポ リ マ ー	T_m (℃)	ΔH_m (cal/mol)	ΔS_m (cal/℃ mol)
シス–1, 4–ポリイソプレン	28	1 050	3.46
ポリエチレンオキシド	66	1 980	5.33
トランス–1, 4–ポリイソプレン	74	3 040	8.75
ポリエチレン	137	960	2.34
ポリプロピレン	176	2 600	5.8
ポリテトラフルオロエチレン	327	685	1.14
ポリフッ化ビニル	200	1 800	1.9
トリニトロセルロース	>700	900～1 500	1.5

シュタウディンガーの孤独な挑戦

　20世紀後半, 高分子は隆盛を極め, 我々の生活に欠くことのできない物質となった. 高分子化学は21世紀もマテリアルサイエンス, 環境サイエンス, バイオテクノロジー, ナノテクノロジーなどの分野で中心的な役を演じ発展するものと考えられている. しかし, 20世紀初頭, だれがこのような高分子の発展を予想しただろうか.

　高分子の存在が認められ学問として誕生したのは, シュタウディンガー (1881 〜 1965) の地道な実験事実の積み上げによるものである. 1920 年シュタウディンガーは分子と分子が結ばれた共有結合による巨大分子説 (高分子説) を提案した. その当時, ドイツを中心に華々しく展開されていたコロイド説の影響を強く受け, 天然ゴムやセルロース, タンパク質などの化合物は低分子が会合体を形成した会合体説であるとの考えが広く認められていた. 当然, シュタウディンガーの巨大分子説は, 会合体説を唱えるコロイド科学者, 物理化学者, 有機化学者などから猛烈な反対を受けることになる. では, シュタウディンガーはどのような方法で巨大分子説を証明したのであろうか. 天然ゴムは主鎖中に二重結合をもったポリイソプレンであるが, このポリイソプレンを水素添加して飽和化合物とした. もし, 低分子化合物の会合体であればその性質は著しく変化し会合状態は大きく変わるはずである. しかし, そのような変化はみられず, しかも水素添加前後の両者の分子量も一致したのである. もちろん, 天然ゴム以外の実験も積み重ね最終的にシュタウディンガーの理論は認められるようになった. 1936 年のことであった.

ウン運動が凍結された状態のことを呼んでいる．一方，T_g 以上では高分子には
ミクロブラウン運動が存在し，激しい分子運動を行うため弾性率が急激に低下
することになる．高分子のこのような状態を**ゴム状態**と呼んでいる．従って T_g
は，高分子のミクロブラウン運動に影響を与える高分子セグメントの置換基の
大きさや，結晶化度，分子間相互作用と分子間相互作用，立体構造などにより
変化する．セグメントの運動と温度依存性については，自由体積論や配位エン
トロピー論で解析が行われているが，最近の考えでは配位エントロピー論の考
え方が正しいとされている．しかし，いずれにしても T_g を支配する具体的な内
容はまだ十分には明らかにされていない．

● T_g と T_m の関係 ● ●

高分子材料を設計する上で T_m の値を考慮することが重要であると述べた．T_g
も T_m と同様に，高分子の力学的強度や機械的強度を予測するのに重要なパラ
メータである．一般に，T_g が高い高分子は T_m も高い．図 1.20 は，T_g と T_m の関
係を表した図であるが，図からわかるように，T_g と T_m には相関関係が認めら
れ，さらに T_g と T_m の間には経験的に次のような関係が成り立つことが知られ
ている．

$$T_g = (1/2)\, T_m$$
$$T_g = (1/3)\, T_m$$

一般に係数が 1/2 のときは対称構造をとる高分子があてはまり，1/3 のときは
非対称構造をとる高分子があてはまる．対称型高分子とはポリ塩化ビニリデン
のような高分子を言い，非対称型高分子とはポリ塩化ビニルのような構造を言
う．

$$-\!(CH_2CCl_2)\!\!-_n \qquad\qquad -\!(CH_2CHCl)\!\!-_n$$
ポリ塩化ビニリデン　　　　　　　ポリ塩化ビニル

熱的に安定（耐熱性）な高分子を設計しようとしたとき，少なくとも

1）温度上昇に伴う高分子材料の軟化

2）高温での酸化等による熱分解，材料の劣化

を考慮する必要がある．

1）は熱に対する高分子の分子運動に依存するため，具体的には T_g や T_m がそ
　の尺度になる．

2）は熱や熱酸化による高分子の化学構造の変化，材料の劣化を表している．

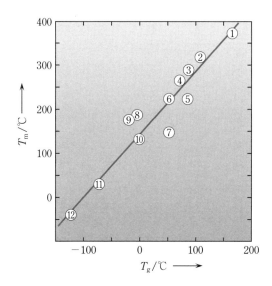

① ポリエーテルケトン
② ポリアクリロニトリル
③ ポリフェニレンスルフィド
④ ポリエチレンテレフタラート
⑤ ポリ塩化ビニル
⑥ ナイロン 66
⑦ （アイソタクチック）ポリメタクリル酸メチル
⑧ ポリ塩化ビニリデン
⑨ （アイソタクチック）ポリプロピレン
⑩ ポリデカメチレンテレフタラート
⑪ 天然ゴム
⑫ ポリジメチルシロキサン

図 1.20 代表的な高分子の T_m と T_g の関係

しかし 2) の場合，実際は材料の機能の劣化を時間依存的に評価する必要があるため，その評価系は多様である．従って，耐熱性高分子を分子設計する上では，先ず T_g, T_m を考えるのが基本となる．T_g と T_m は相関関係にあることを図 1.20 に示したが，T_m は非晶性高分子では観察されないため，T_g を考慮して材料を設計するのが一般的となる．

T_g の高い高分子あるいは低い高分子はどのような構造から形成されているのだろうか．表 1.4 を見ると主鎖に回転しやすい屈曲した結合をもち，柔軟な構造単位を含んでいるものが低い T_g を示すことがわかる．

　　　屈曲性基：

$$-CH_2-CH_2-,\ -CH_2-O-CH_2-,\ -\underset{\underset{O}{\|}}{C}-O-,\ -Si-O-Si-$$

また，側鎖が長く柔軟な分子を導入しても T_g は低くなる（表 1.6）．

逆に，図 1.20 からわかるように，回転が阻害される剛直な構造をもつ高分子は高い T_g を示す．T_g と耐熱性の相関は，T_m で議論されたものと全く同じであった．T_g が T_m と良い比例関係を取ることを考えれば当然の結果と言えよう．

● 1.5　高分子の力学的性質 ●

高分子を材料として使用する場合，最も重要な物理化学的な性質は高分子の**力学的特性**であろう．高分子材料を柔軟性なゴムとして利用したいのか，あるいはある程度の強度をもつプラスチックとして使用したいのか．また，材料には硬い特性が必要なのか，あるいは成型しやすさが重要なのか．高分子は使用される用途により選定されることになる．高分子は，軽量で成型性に優れるなど金属やセラミックスでは見られない多くの特徴を持っている．その中でも最も注目すべき特性は，高分子が**粘弾性体**であるということである．つまり，固体である金属やセラミックスがもつ弾性体としての性質をもちながら，一方で，水や油としての粘性体としての性質も併せもつということである．高分子は両方の特性をもつため，その力学的挙動は極めて複雑であるが，また，その挙動は大変興味深いものでもある．

1.5.1　高分子の変形

物質に外から力を加えると変形が起こる．例えば，長さ l_0 をもつ物質に外力

表 1.6 ポリアクリル酸アルキルのメチレン鎖長と
ガラス転移温度（T_g）の関係

$$-(\text{CH}_2\text{CH})_n-$$
$$|$$
$$\text{COOR}$$

アルキル基 (R)	T_g (℃)
$-\text{CH}_3$	9
$-\text{CH}_2\text{CH}_3$	-24
$-\text{CH}_2\text{CH}_2\text{CH}_3$	-48
$-\text{CH}_2\text{CH}_2\text{CH}_2\text{CH}_3$	-55

S を与えたとき長さが l になったとしよう．このときの伸び率は $\varepsilon = \Delta l / l_0$ $(\Delta l = l - l_0)$ で表され，S と ε の間には次のような比例関係が成り立つ．

$$S = E\varepsilon$$

これを**フックの法則**と言い，物質に加えられた外力を取り除くと完全に元の形に戻るような弾性変形の場合に成立する．ここで，E は弾性率（加えられる外力が引っ張り力のときは**ヤング率**と呼ぶ）と呼ばれ，ゴムの場合 $10^6 \sim 10^7$ dyn/cm^2，鉄針の場合 10^{12} dyn/cm^2 程度となる（図 1.21）．

　E が大きい物質は硬く，小さい物質は柔らかいことになる．しかし，ある外力以上ではこの比例関係式が成り立たなくなる点がある．この点を**降伏点**と呼ぶ．降伏点以降では固体の内部で流動が起こり始める．そして，外力を取り除いても完全な回復は見せず，変形が永久に残ることになる．このような変形は，液体に外力を加えたときに見られる粘性挙動と同じである．

1.5.2　ゴム弾性

　高分子は金属やセラミックスに比べよく伸びる．その中でもゴムは元の長さから 10 倍近く伸び，力を除くと元の状態に戻ることができる．しかし，一般の高分子の伸びは僅かであり，ヤング率は $10^{10} \sim 10^{11}$ dyn/cm^2 の値となる．つまりゴムは高分子材料の中でも特別な**弾性**を示すことがわかる．高分子の伸びは，高分子鎖の結合角や結合距離の変化により異なり，ゴムの場合は複雑に屈曲する高分子鎖の熱運動に基づくためよく伸びる．

　この現象は次のように説明できる．ゴムは力を加えていない状態では激しい分子運動を行っており，その熱運動のため乱れて縮こまった形をとっている．しかし，力を加えて引っ張ると分子は整列を始めるためきちんと並ぶことになる．ゴムを伸ばすということは，縮こまっていた分子を引き伸ばすことなので，この縮こまった分子を伸ばすには僅かな力を加えるだけで十分であり，そのため弾性率も非常に小さいものとなる（図 1.22）．

　ゴム弾性では温度を上げると分子運動はより激しくなるため，ゴムを引き伸ばすにはより大きな弾性が必要となる．このようなゴムの弾性を**エントロピー弾性**と言う．一方，通常の材料の弾性は**エネルギー弾性**と呼ばれ，構成する原子を配列している結合距離から引き離すのに必要な力が復元力となっている．

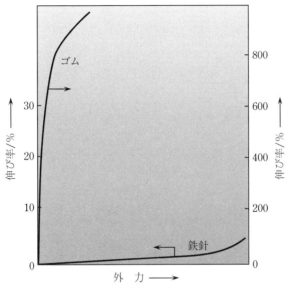

図 1.21 伸び率と外力の関係

引っ張った状態

引っ張る前あるいは
後の状態

図 1.22 ゴム弾性の原理

1.5.3　粘　弾　性

　高分子は一般に結晶構造と非晶構造からなることを述べたが，結晶部分は弾性を示し非晶部分は粘性を示すため，通常の高分子に外力を与えると弾性と粘性が同時に現れることになる．このような性質を**粘弾性**と言い，高分子の変形と流動の関係を統一的に考える学問をレオロジーと呼んでいる．

　高分子の粘弾性を理解するため，高分子に外力を加えその試料が時間と共に変形していく様子を観察することにする．この高分子の変形量と時間の関係を図1.23に示したが，このような実験を**クリープ測定**と呼んでいる．先にも述べたように，物質が弾性体であれば外力 S に対し瞬間的に変形が起こる．高分子の場合，先ず ε_1（A-B）で示される変形が起こる．さらにこの外力を加えたままにしておくと曲線B-Cのような変形を示す．変形が時間と共に増加するのはあたかも高分子が流動しているかのような挙動を示すからである．次に，Cの時点で外力を取り去ると変形は瞬間的になくなる（C-D）．さらに，時間経過に伴い変形は徐々に低下していく（D-E）．

　しかし，一般には変形は完全に0になることはなく，**永久変形**（ε_∞）として残る．A-BとC-Dの変形は弾性特性を示しており，B-CとD-Eの変形は粘性特性を示している．つまり，弾性変形の内部に粘性流動が重なって現れたのである．

　粘弾性を考えるときにはバネとダッシュポットを使った模型を用いると理解しやすい．固体の弾性としての性質はバネとして考え，液体の粘性の性質はピストンで表し，両者を組み合わせて高分子の粘弾性挙動を考える方法がよく用いられている（図1.24）．

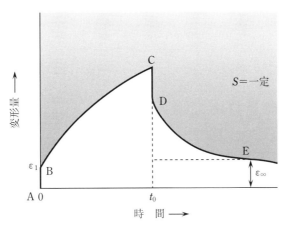

図1.23 クリープ曲線と回復曲線

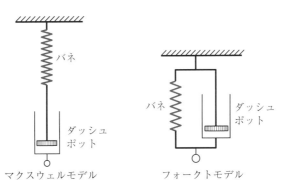

図1.24 粘弾性のモデル実験

② 高分子材料の設計

　1章で高分子の概要を述べた．高分子は大きく分けるとタンパク質や核酸などからなる生体高分子と，ポリエチレンやポリ塩化ビニルのように低分子を結んだ合成高分子からなる．ある機能を持った高分子が必要となったとき，既に知られている生体高分子や合成高分子にその機能を満たすものがなければ，新しい高分子を合成する必要がある．

　本章では，新しい高分子をどのように設計し合成するかを述べよう．

● 2.1　合成方法の分類 ●

　生体高分子である**核酸**や**タンパク質**は特定の繰り返し単位のみからなる単分散の高分子である．さらに，核酸やタンパク質は大変規則的な構造をとり，遺伝情報の伝達や酵素機能を果たしている．**合成高分子**は既に述べたように，その分子量は多分散で，しかも生体高分子で見られるほどの構造制御は実現されていない．

　高分子は低分子を共有結合でつないだ化合物で，低分子から高分子を合成する反応を**重合**と言う（図2.1）．低分子から高分子を生成するには，低分子が少なくとも2個の官能基をもつ必要がある．例えば，炭素‐炭素二重結合などは熱や光により，容易に開裂を起こすため2官能基と見なすことができる．重合反応は**連鎖反応**と**逐次反応**に分けられ，比較的速く重合が進む反応が連鎖反応であり，比較的ゆっくりと重合が進行する反応が逐次反応である．

● 連鎖反応 ● ●

　連鎖反応は，一般に**開始反応，生長反応，停止反応，連鎖移動反応**の4つの素反応からなっている．ここで，モノマーをM，連鎖移動剤をAとすると4つの素反応は以下のように書くことができる．

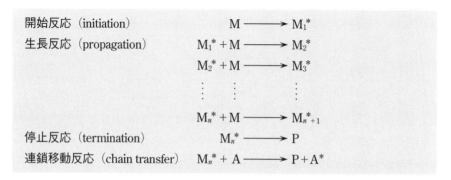

開始反応（initiation）　　　　　　　$M \longrightarrow M_1^*$

生長反応（propagation）　　$M_1^* + M \longrightarrow M_2^*$

　　　　　　　　　　　　　$M_2^* + M \longrightarrow M_3^*$

　　　　　　　　　　　　　　$\vdots$　　$\vdots$　　$\vdots$

　　　　　　　　　　　　　$M_n^* + M \longrightarrow M_{n+1}^*$

停止反応（termination）　　　$M_n^* \longrightarrow P$

連鎖移動反応（chain transfer）　$M_n^* + A \longrightarrow P + A^*$

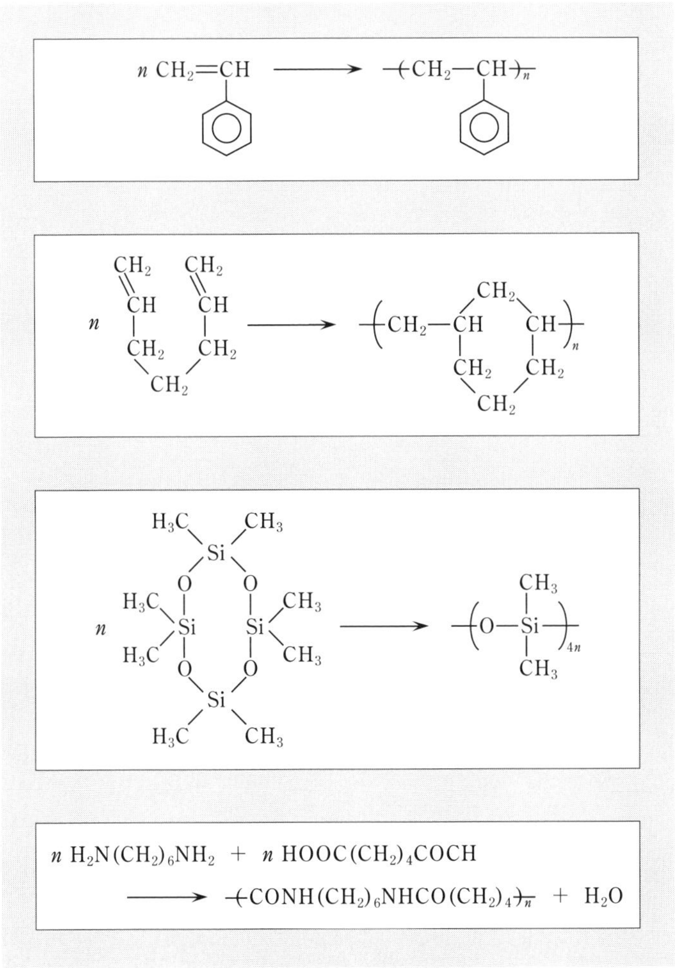

$$n\ CH_2{=}CH \longrightarrow {+}CH_2{-}CH{+}_n$$

$$n\ \text{(diene)} \longrightarrow {+}CH_2{-}CH\text{(ring)}CH{+}_n$$

$$n\ \text{(cyclosiloxane)} \longrightarrow {+}O{-}Si{+}_{4n}$$

$$n\ H_2N(CH_2)_6NH_2\ +\ n\ HOOC(CH_2)_4COCH$$
$$\longrightarrow {+}CONH(CH_2)_6NHCO(CH_2)_4{+}_n\ +\ H_2O$$

図2.1 重合された高分子の一例

M*は, ラジカル, アニオン, カチオンを示し, Pは高分子を示している.

連鎖反応には, 炭素-炭素二重結合をもつビニル化合物やジエン化合物で見られる付加反応を繰り返す**付加重合**, 原子の配列が変わる**異性化重合**, 環状化合物の開環による**開環重合**などがある.

● 逐次反応 ● ●

一方, 逐次反応は官能基が繰り返し反応を進めていくことにより高分子を得る反応である.

$$M_1 + M_1 \longrightarrow M_2$$
$$M_2 + M_2 \longrightarrow M_4$$
$$M_4 + M_4 \longrightarrow M_8$$
$$\vdots \qquad \vdots \qquad \qquad \vdots$$
$$M_n + M_n \longrightarrow M_{2n}$$

逐次反応の代表的な例にアルコールと酸の**重縮合**からなるエステル反応がある. 水の脱離により重合が進む反応であるが, 窒素や二酸化炭素が脱離し付加を繰り返して進む**脱離重合**, ジオールやジアミンとジイソシアナートなどとの**重付加重合**などは逐次的な反応を伴う.

連鎖反応と逐次反応による重合の違いは図2.2に示す通りである.

● 2.2 ラジカル重合 ●

高分子合成の中で最も代表的な重合法は, 付加重合の1つである**ラジカル重合**である (表2.1). ポリエチレンやポリ塩化ビニルなど実用化されている高分子材料の多くはラジカル重合から合成されており, その反応機構も詳細に研究されている. ラジカルとは不対電子を有する原子, 分子のことを言い, 一般的にラジカルは極めて不安定であるためその寿命は短い. ラジカルをそのまま単離することは難しいので, ラジカルトラッピング剤を用い電子スピン共鳴 (ESR) 測定により確認することができる.

2.2.1 ラジカル重合の素反応と速度論

ラジカル重合は先に示したように4つの素反応なら成り立っていて, **開始剤** (表2.2) が分解しラジカルが生成することにより重合が開始される.

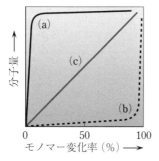

図2.2　モノマー変化率と分子量との関係

(a) 連鎖反応による重合
(b) 逐次反応による重合
(c) リビング重合
　　停止反応のない重合

表2.1　ラジカル重合の代表的なモノマー

$CH_2\!\!=\!\!CH$	X=H：エチレン　　　　　　　　　X=Cl：塩化ビニル X=COOH：アクリル酸　　　　　X=C_6H_5：スチレン X=CH=CH_2：ブタジエン X=$COOCH_3$：アクリル酸メチル X=CN：アクリロニトリル X=$CONH_2$：アクリルアミド
$CH_2\!\!=\!\!C$	X=Y=Cl：塩化ビニリデン X=CH_3，Y=COOH：メタクリル酸 X=CH_3，Y=$COOCH_3$：メタクリル酸メチル

表2.2　開始剤の最適使用温度

開始剤の分類	最適使用温度範囲（℃）	開始剤の分解の活性化エネルギー(kcal/mol)	代表的な開始剤
高温開始剤	＞100	33～45	クメンヒドロペルオキシド，第三ブチルヒドロペルオキシド，ジクミルペルオキシド，ジ第三ブチルペルオキシドなど
通常開始剤	30～100	26～33	過酸化ベンゾイル，過酸化ラウロイル，過硫酸塩，アゾビスイソブチロニトリルなど
低温開始剤（レドックス開始剤）	−10～30	15～26	過酸化水素-第一鉄塩，過硫酸塩-酸性亜硫酸ナトリウム，クメンヒドロペルオキシド-第一鉄塩，過酸化ベンゾイル-ジメチルアニリンなど
極低温開始剤	＜−10	＜15	過酸化物（過酸化水素，ヒドロペルオキシドなど)-有機金属アルキル（トリエチルアルミニウム，トリエチルホウ素，ジエチル亜鉛など），酸素-有機金属アルキルなど

開始反応	$\mathrm{I} \xrightarrow{\ k_d\ } 2\mathrm{R}^{\bullet}$	
	$\mathrm{R}^{\bullet} + \mathrm{M} \xrightarrow{\ k_i\ } \mathrm{M}^{\bullet}$	
生長反応	$\mathrm{M}^{\bullet} + \mathrm{M} \xrightarrow{\ k_p\ } \mathrm{M}^{\bullet}$	
停止反応	$2\mathrm{M}^{\bullet} \xrightarrow{\ k_{tc}\ } \mathrm{P}$ （再結合）	
	$2\mathrm{M}^{\bullet} \xrightarrow{\ k_{td}\ } 2\mathrm{P}$ （不均化）	
連鎖移動反応	$\mathrm{M}^{\bullet} + \mathrm{A} \xrightarrow{\ k_{tr}\ } \mathrm{P} + \mathrm{A}^{\bullet}$	

　停止反応は一般的に2分子的に起こり，その機能は**再結合停止反応**と**不均化停止反応**とに分けられる．連鎖移動反応はラジカルと反応するすべての物質(モノマー，溶媒，開始剤など）で起こる可能性が有り，重合度に大きな影響を与える．

　次に実例を挙げてラジカル重合を説明しよう．開始剤にアゾビスイソブチロニトリル（AIBN）を用い，熱によりAIBNを分解してトルエン中のスチレンモノマーを重合する場合を考えよう．素反応は図2.3に示す通りである．この素反応をもとにラジカル重合の重合速度式を考えると以下のようになる．ただし，重合速度式の誘導には，以下の4つの仮定が成り立つ必要がある．

　(a)　生長反応の速度定数（k_p）は生長ラジカル鎖長には依存しない

　(b)　生長ラジカルの生成速度と消失速度は等しい（定常状態の仮定）

　(c)　モノマーは生長反応によってのみ消失する

　(d)　連鎖移動反応が起こっても重合速度は低下しない

　重合速度（R_p），すなわちモノマーの消失速度は仮定 (a)，(c)，(d) より次のように書き表すことができる．

$$R_p = -\frac{d[\mathrm{M}]}{dt} = k_p\,[\mathrm{M}^{\bullet}][\mathrm{M}] \tag{1}$$

さらに，仮定 (b) を用い $[\mathrm{M}^{\bullet}]$ を求める．fは開始剤効率である．

$$2k_d f\,[\mathrm{I}] = k_t\,[\mathrm{M}^{\bullet}]^2 \tag{2}$$

ここで，$[\mathrm{M}^{\bullet}]$ を式 (1) に代入すると，重合速度式が以下のように導き出される．

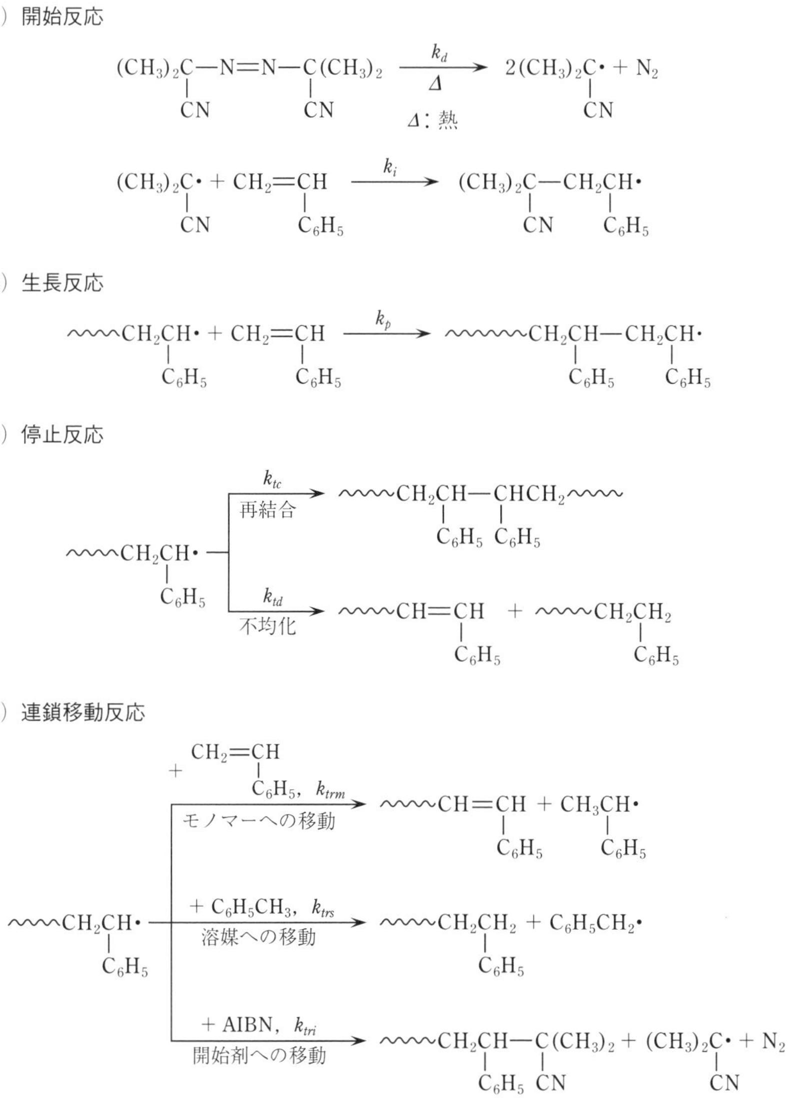

(1) 開始反応

$$(CH_3)_2C-N=N-C(CH_3)_2 \xrightarrow[\Delta]{k_d} 2(CH_3)_2C\cdot + N_2$$
$$\underset{CN}{} \qquad \underset{CN}{} \qquad \Delta：熱 \qquad \underset{CN}{}$$

$$(CH_3)_2C\cdot + CH_2=CH \xrightarrow{k_i} (CH_3)_2C-CH_2CH\cdot$$
$$\underset{CN}{} \qquad \underset{C_6H_5}{} \qquad \underset{CN}{} \quad \underset{C_6H_5}{}$$

(2) 生長反応

$$\sim\sim CH_2CH\cdot + CH_2=CH \xrightarrow{k_p} \sim\sim CH_2CH-CH_2CH\cdot$$
$$\underset{C_6H_5}{} \qquad \underset{C_6H_5}{} \qquad \underset{C_6H_5}{} \quad \underset{C_6H_5}{}$$

(3) 停止反応

$$\sim\sim CH_2CH\cdot$$
$$\underset{C_6H_5}{}$$

$$\xrightarrow[再結合]{k_{tc}} \sim\sim CH_2CH-CHCH_2\sim\sim$$
$$\underset{C_6H_5\ C_6H_5}{}$$

$$\xrightarrow[不均化]{k_{td}} \sim\sim CH=CH + \sim\sim CH_2CH_2$$
$$\underset{C_6H_5}{} \qquad \underset{C_6H_5}{}$$

(4) 連鎖移動反応

$$\sim\sim CH_2CH\cdot$$
$$\underset{C_6H_5}{}$$

$$+ \underset{C_6H_5,\ k_{trm}}{CH_2=CH} \quad モノマーへの移動 \longrightarrow \sim\sim CH=CH + CH_3CH\cdot$$
$$\underset{C_6H_5}{} \qquad \underset{C_6H_5}{}$$

$$+ C_6H_5CH_3,\ k_{trs} \quad 溶媒への移動 \longrightarrow \sim\sim CH_2CH_2 + C_6H_5CH_2\cdot$$
$$\underset{C_6H_5}{}$$

$$+ AIBN,\ k_{tri} \quad 開始剤への移動 \longrightarrow \sim\sim CH_2CH-C(CH_3)_2 + (CH_3)_2C\cdot + N_2$$
$$\underset{C_6H_5\ CN}{} \qquad \underset{CN}{}$$

図 2.3 スチレンモノマーの重合機構

$$-\frac{d[\mathrm{M}]}{dt} = \left(\frac{2k_d f}{k_t}\right)^{\frac{1}{2}} k_p [\mathrm{I}]^{\frac{1}{2}} [\mathrm{M}] \tag{3}$$

ここで，$[\mathrm{I}]$，$[\mathrm{M}]$ は開始剤，モノマーの初濃度を示している．式（3）は多くのビニルモノマーのラジカル重合で成立することが実験的に認められている．式（3）で開始剤濃度の次数が 1/2 に比例することは平方根の法則と呼ばれ，重合がラジカル機構で進んでいることの証明に使われる（表2.3）．

ラジカル重合は，一般にはある開始剤，増感剤の存在下で重合を行う方法であるが，その重合方法により**塊状重合**（buk polymerization），**溶液重合**（solution polymerization），**乳化重合**（emulsion polymerization），**懸濁重合**（suspension polymerization）にわけられる（表2.4）．多くの汎用高分子は，求められる物性や形態によりこれら重合法から最適な方法を選択し合成することになる．

2.2.2　ラジカル共重合

2種類以上のモノマーから重合される高分子を**共重合体**と呼び，ラジカル開始剤から合成された高分子は**ラジカル共重合**と呼ぶ．共重合体は単独重合体から合成された高分子とは大変異なる性質を示すため，多くの共重合体が合成されその特性が調べられている．

2つのモノマー M_1 と M_2 がラジカル共重合をする場合，4つの生長反応を考える必要がある．

$$\mathrm{M}_1{}^{\bullet} + \mathrm{M}_1 \xrightarrow{\;k_{11}\;} \mathrm{M}_1{}^{\bullet}$$

$$\mathrm{M}_1{}^{\bullet} + \mathrm{M}_2 \xrightarrow{\;k_{12}\;} \mathrm{M}_2{}^{\bullet}$$

$$\mathrm{M}_2{}^{\bullet} + \mathrm{M}_1 \xrightarrow{\;k_{21}\;} \mathrm{M}_1{}^{\bullet}$$

$$\mathrm{M}_2{}^{\bullet} + \mathrm{M}_2 \xrightarrow{\;k_{22}\;} \mathrm{M}_2{}^{\bullet}$$

M_1 と M_2 の消失速度は次式で表される．

$$-d[\mathrm{M}_1]/dt = k_{11}[\mathrm{M}_1{}^{\bullet}][\mathrm{M}_1] + k_{21}[\mathrm{M}_2{}^{\bullet}][\mathrm{M}_1] \tag{4}$$

$$-d[\mathrm{M}_2]/dt = k_{12}[\mathrm{M}_1{}^{\bullet}][\mathrm{M}_2] + k_{22}[\mathrm{M}_2{}^{\bullet}][\mathrm{M}_2] \tag{5}$$

式（4）を式（5）で割ると

表 2.3 代表的ビニルモノマーのラジカル重合における k_p 値

モノマー	k_p (60℃) (l/mol・sec)
スチレン	176
メタクリル酸メチル	734
アクリロニトリル	1960
アクリル酸メチル	2090
酢酸ビニル	3700

表 2.4 塊状，溶液，乳化，懸濁重合の特徴

	塊状重合	溶液重合	乳化重合	懸濁重合
モ ノ マ ー	制限なし	溶媒に可溶なモノマー	モノマーおよびそのポリマーが共に水に不溶	モノマーおよびそのポリマーが共に水に不溶
開 始 剤	モノマーに可溶	モノマーおよび溶媒に可溶	モノマーに不溶で水に可溶	モノマーに可溶で水に不溶
モノマー，開始剤以外の添加物	な し	モノマーおよびそのポリマーを溶かす溶媒	大量の水と乳化剤	大量の水と分散剤
重合温度の調節	困 難	可 能	容 易	容 易
重 合 速 度	大	小	きわめて大	大
生成ポリマーの分子量	大	小	きわめて大	きわめて大
重合終了時のポリマーの形状	塊 状	高粘度溶液	ラテックス状	パール状，または微小粒子状に分散

$$\frac{d[\mathrm{M_1}]}{d[\mathrm{M_2}]} = \frac{k_{11}\,[\mathrm{M_1}^\bullet]\,[\mathrm{M_1}] + k_{21}\,[\mathrm{M_2}^\bullet]\,[\mathrm{M_1}]}{k_{12}\,[\mathrm{M_1}^\bullet]\,[\mathrm{M_2}] + k_{22}\,[\mathrm{M_2}^\bullet]\,[\mathrm{M_2}]} \tag{6}$$

が得られる．$\mathrm{M_1}$ と $\mathrm{M_2}$ の濃度がそれぞれ一定であると考えると，定常状態の仮定が成り立ち

$$k_{12}\,[\mathrm{M_1}^\bullet]\,[\mathrm{M_2}] = k_{21}\,[\mathrm{M_2}^\bullet]\,[\mathrm{M_1}] \tag{7}$$

が導かれる．さらに式（6）に代入し整理すると

$$\frac{d[\mathrm{M_1}]}{d[\mathrm{M_2}]} = \frac{[\mathrm{M_1}]}{[\mathrm{M_2}]}\left(\frac{r_1[\mathrm{M_1}]+[\mathrm{M_2}]}{[\mathrm{M_1}]+r_2[\mathrm{M_2}]}\right) \tag{8}$$

が得られる．式（8）は仕込みモノマー組成と生成ポリマー組成を表すもので，**共重合組成式**と呼ばれている．ここで，r_1 と r_2 は $\mathrm{M_1}$ と $\mathrm{M_2}$ の**モノマー反応性比**を表しており，2つのモノマーの共重合反応性を表す定数である．r_1 と r_2 の値がわかれば，その値をもとに目的とする共重合体の組成を予測したり実際に合成することも可能となる．

次に，r_1 と r_2 から作成される共重合組成曲線（図2.4）をもとに，共重合性を議論しよう．

(1) $r_1 r_2 = 1$　かつ　$r_1 = r_2 = 1$ の場合

　　$k_{11} = k_{12}$，$k_{21} = k_{22}$ となるため両モノマーの単独重合性と共重合性が同じであるため，仕込みモノマーの組成に関係なく同じ組成の共重合体が合成されることになる．このような共重合を**理想共重合**と呼ぶ（図2.4 (a)）．

(2) $r_1 r_2 = 1$　かつ　$r_1 \neq r_2$ の場合

　　r のどちらか一方が大きくなるため図2.4 の (b) あるいは (c) となる．

(3) $r_1 r_2 = 0$　かつ　$r_1 = 0$ または $r_2 = 0$ の場合

　　r のどちらか一方が連続的に重合し，共重合とはならないため図2.4 の (d) あるいは (e) となる．

(4) $r_1 r_2 = 0$　かつ　$r_1 = r_2 = 0$ の場合

　　$k_{11} = k_{22} = 0$ となるため両モノマーの連続的な生成はなく，必ず異種モノマー間の生成が起こり，モノマーの仕込み比に関わらず**交互共重合**が得られる（図2.4 (f)）．

(5) $r_1 r_2 > 1$ の場合

　　同種モノマーの単独重合が優先的に起こり共重合体は形成されない（図

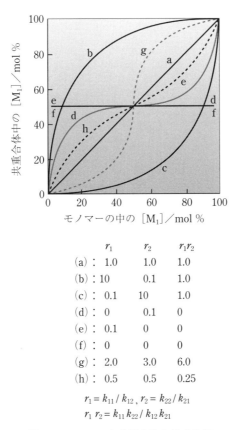

	r_1	r_2	$r_1 r_2$
(a)：	1.0	1.0	1.0
(b)：	10	0.1	1.0
(c)：	0.1	10	1.0
(d)：	0	0.1	0
(e)：	0.1	0	0
(f)：	0	0	0
(g)：	2.0	3.0	6.0
(h)：	0.5	0.5	0.25

$$r_1 = k_{11} / k_{12} , \ r_2 = k_{22} / k_{21}$$
$$r_1 \, r_2 = k_{11} \, k_{22} / k_{12} \, k_{21}$$

図 2.4　モノマーと共重合体の組成曲線

2.4（g）).

（6） $0 < r_1 r_2 < 1$ の場合

　　多くのラジカル重合はこの範囲にあり，0に近づくほど交互共重合性が
　　大きくなる（図2.4（h）).

スチレンと無水マレイン酸のモノマー反応性比は $r_1 = 0.04$，$r_2 = 0$ となるため
上の（4）と見なすことができ，交互共重合体を生成する．この反応メカニズ
ムでは両者の極性が重要な働きをしている（図2.5）．一般的なラジカル共重合
の r_1, r_2 を表2.5に示した．

● 2.3　イオン重合 ●

ラジカル重合とともに連鎖反応の代表的な重合法に**イオン重合**がある．イオ
ン重合には**アニオン重合**，**カチオン重合**の2種類があり，ラジカル重合との大
きな違いは，ラジカル重合では中性なラジカルが生長反応に寄与するのに対し，
イオン重合では生長末端に対アニオン，対カチオンが存在することである．

アニオン反応式　　　$\sim CH_2-\overset{\ominus}{\underset{X}{CH}}\cdots\overset{\oplus}{A} + CH_2=\underset{X}{CH} \longrightarrow \sim CH_2-\underset{X}{CH}-CH_2-\overset{\ominus}{\underset{X}{CH}}\cdots\overset{\oplus}{A}$

カチオン反応式　　　$\sim CH_2-\overset{\oplus}{\underset{X}{CH}}\cdots\overset{\ominus}{B} + CH_2=\underset{X}{CH} \longrightarrow \sim CH_2-\underset{X}{CH}-CH_2-\overset{\oplus}{\underset{X}{CH}}\cdots\overset{\ominus}{B}$

　イオン重合では対イオンの構造や重合に用いる溶媒の極性の影響は極めて大
きく，このような効果のことを**対イオン効果**あるいは**溶媒効果**と呼んでいる．そ
のため，この効果によりイオン重合では開始剤や溶媒が高分子の立体構造に大
きな影響を与えることになる．ラジカル重合では見られないイオン重合の特徴
である．また，ラジカル重合の開始反応は一定の速度で起こるのに対し，イオ
ン重合は反応の初期に急激に起こり，その後開始剤は消失する．さらに，イオ
ン重合の停止反応はラジカル重合が2分子的に起こるのに対し，1分子停止で
進行するなど，ラジカル重合とイオン重合とではかなり異なった特徴を示す．

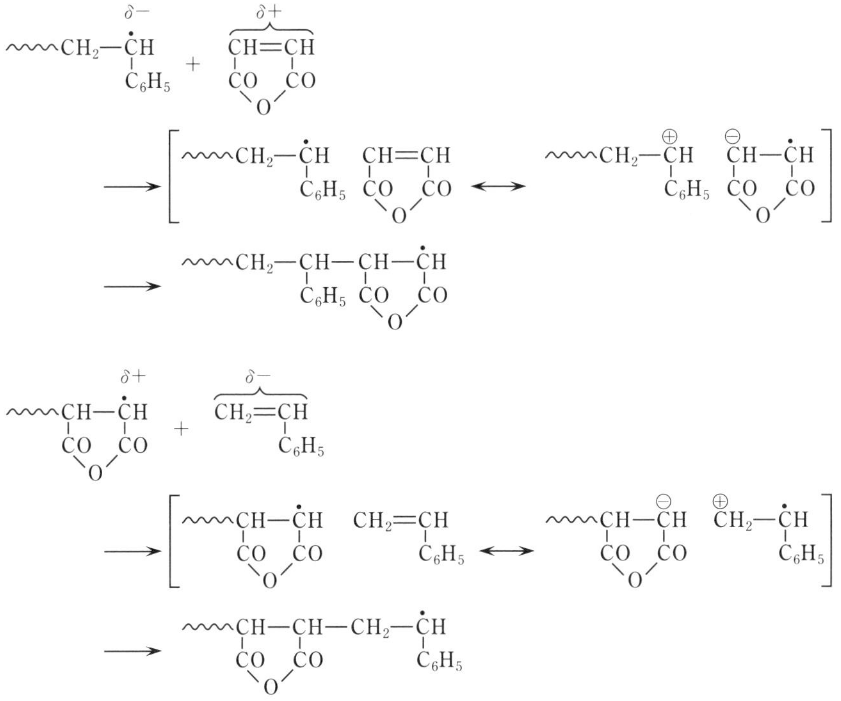

図 2.5 スチレンと無水マレイン酸の交互共重合

表 2.5 ラジカル共重合における r_1 および r_2 値

M$_1$	M$_2$	r_1	r_2	$r_1 r_2$
	無水マレイン酸	0.04 ±0.01	0	～0
スチレン	メタクリル酸メチル	0.52 ±0.026	0.460±0.026	0.24
	酢酸ビニル	55 ±10	0.01 ±0.01	0.55
	アクリロニトリル	1.35 ±0.1	0.18 ±0.10	0.24
メタクリル酸メチル	無水マレイン酸	6.7 ±2	0.02	0.13
	酢酸ビニル	20 ±3	0.015±0.015	0.30
	メタクリロニトリル	0.01 ±0.01	12 ±2	0.24
酢酸ビニル	アクリロニトリル	0.060±0.013	4.05 ±0.3	0.25
	塩化ビニル	0.32 ±0.02	1.68 ±0.08	0.38

2.3.1 カチオン重合

イオン重合でもラジカル重合で見られた4つの素反応を考えることができる.

開始反応　$H_2SO_4 + CH_2{=}\underset{\underset{X}{|}}{CH} \longrightarrow CH_3{-}\overset{\oplus}{\underset{\underset{X}{|}}{CH}}\cdots\overset{\ominus}{OSO_3H}$

$BF_3 + H_2O \rightleftharpoons \overset{\oplus}{H}\cdots\overset{\ominus}{BF_3OH}$

$\overset{\oplus}{H}\cdots\overset{\ominus}{BF_3OH} + CH_2{=}\underset{\underset{X}{|}}{CH} \longrightarrow CH_3{-}\overset{\oplus}{\underset{\underset{X}{|}}{CH}}\cdots\overset{\ominus}{BF_3OH}$

$AlCl_3 + C_2H_5Cl \rightleftharpoons \overset{\oplus}{C_2H_5}\cdots\overset{\ominus}{AlCl_4}$

$\overset{\oplus}{C_2H_5}\cdots\overset{\ominus}{AlCl_4} + CH_2{=}\underset{\underset{X}{|}}{CH} \longrightarrow C_2H_5CH_2{-}\overset{\oplus}{\underset{\underset{X}{|}}{CH}}\cdots\overset{\ominus}{AlCl_4}$

開始反応には**プロトン酸, ルイス酸**が主に用いられる（表2.6）.ルイス酸の場合にはそれ自体では開始剤として作用しないため, **共触媒**が必要である.

生長反応　BF_3OH の機構

$\sim\sim\sim CH_2{-}\overset{\oplus}{\underset{\underset{X}{|}}{CH}}\cdots\overset{\ominus}{BF_3OH} + CH_2{=}\underset{\underset{X}{|}}{CH}$

$\longrightarrow \sim\sim\sim CH_2{-}\underset{\underset{X}{|}}{CH}{-}CH_2{-}\overset{\oplus}{\underset{\underset{X}{|}}{CH}}\cdots\overset{\ominus}{BF_3OH}$

停止反応　BF_3OH の機構

$\sim\sim\sim CH_2{-}\overset{\oplus}{\underset{\underset{X}{|}}{CH}}\cdots\overset{\ominus}{BF_3OH} \longrightarrow \sim\sim\sim CH_2{-}\underset{\underset{X}{|}}{CH}{-}OH + BF_3$

生長反応の停止は1分子的に起こる.

連鎖移動反応　BF_3OH の機構

$\sim\sim\sim CH_2{-}\overset{\oplus}{\underset{\underset{X}{|}}{CH}}\cdots\overset{\ominus}{BF_3OH} \longrightarrow \sim\sim\sim CH{=}\underset{\underset{X}{|}}{CH} + \overset{\oplus}{H}\cdots\overset{\ominus}{BF_3OH}$

表2.6 カチオン重合開始剤

分　類	開　始　剤
プロトン酸	$HClO_4$, H_2SO_4, H_3PO_4, Cl_3CCOOH, CF_3SO_3H
ルイス酸	BF_3, $AlBr_3$, $AlCl_3$, $SbCl_5$, $FeCl_3$, $SnCl_4$, $TiCl_4$, $HgCl_2$, $ZnCl_2$

表2.7 カチオン重合の生長反応の速度定数

モノマー	触媒	溶媒	温度 (℃)	k_p
スチレン	$HClO_4$	$(CH_2Cl)_2$	25	17.0
	$HClO_4$	$(CH_2Cl)_2/CCl_4$	25	3.17
	$HClO_4$	CCl_4	25	0.0012
	$SnCl_4$	$(CH_2Cl)_2$	30	0.42
	I_2	$(CH_2Cl)_2$	30	0.0037

$k_p : l\,mol^{-1}\,sec^{-1}$

$$\text{\textasciitilde\textasciitilde CH}_2\text{–}\overset{\oplus}{\text{CH}}\cdots\overset{\ominus}{\text{BF}_3\text{OH}} + \text{CH}_2\text{=CH}$$
（X、X）

$$\longrightarrow \text{\textasciitilde\textasciitilde CH=CH} + \text{CH}_3\text{–}\overset{\oplus}{\text{CH}}\cdots\overset{\ominus}{\text{BF}_3\text{OH}}$$

カチオン重合は低温で行われることが多い（表2.7，p.49）．また，その分子量は停止反応に従うより，連鎖移動反応により決定されるのが一般的である．

2.3.2　アニオン重合

アニオン重合はカチオン重合と同様にイオン重合としての特徴を示す．アニオン重合がカチオン重合と異なるのは，停止反応や連鎖移動反応が起こりにくく高分子量体を生成しやすい点である．また，停止反応のない**リビングポリマー**もアニオン重合では認められている．メタクリル酸メチルのアニオン重合をブチルリチウムを用い行った場合の素反応を示す．

開始反応

$$\overset{\ominus}{\text{C}_4\text{H}_9}\cdots\overset{\oplus}{\text{Li}} + \text{CH}_2\text{=C}\begin{pmatrix}\text{CH}_3\\\text{COOCH}_3\end{pmatrix} \longrightarrow$$

生長反応

―**21世紀のプラスチック産業**―――――――――――

　日本におけるプラスチックの生産量は 1000 万トンを超え，世界第5の生産量である．そのプラスチックの約 70% を占めるのがポリエチレン，ポリプロピレン，ポリスチレン，ポリ塩化ビニルである．これらの中で，一番生産量が多いのはポリエチレンである．ポリエチレンは石油のナフサを熱分解して作られるエチレンを原料として重合される．低圧力で製造されたポリエチレンを高密度ポリエチレンと呼ぶ．硬くて白っぽい高分子で，スーパーの買い物袋，バケツ，ロープ，水道管などに利用されている．一方，高圧力下で製造されるポリエチレンを低密度ポリエチレンと呼び，透明なフィルムとして利用されている．生鮮食品の包装，紙と貼り合わせた加工紙による牛乳パックなどに使われている．

　さらに最近では，メタロセン触媒の出現によりポリエチレンはこれら触媒を用いて合成されるようになってきた．メタロセン触媒で合成されるポリエチレンの分子構造は非常に制御されたものとなり，高性能なものが次々に作られている．例えば，従来のポリエチレンに比べ，その強度は格段に向上し，金属代替材料として需要は増加している．地震などでの耐震性も実証されており，今後も，今以上にポリエチレンの利用範囲は拡大するものと考えられている．

　21世紀のプラスチックの生産においては，限られた資源を有効に使用し，エネルギーを無駄なく活用するためその製造過程でのエネルギー消費や環境負荷を削減するだけでなく，リサイクルも可能な合成技術を確立していく必要がある．高分子合成に課せられた期待と責任は大きい．

停止反応

アニオン重合の停止反応もカチオン重合で示したように1分子的に起こるが，一般には起こりにくい．

● **アニオン重合性モノマー** ● ●

表2.8には代表的なアニオン重合性モノマーを示す．これらモノマーと開始剤の間には相関があることが知られている．表2.9中のⅠ群の開始剤はアルカリ金属と有機アルカリ化合物で代表される開始剤であり，表2.8で示したA，B，C，D群のいずれのモノマーも重合することができる．Ⅱ群の開始剤は塩基性が低下するためB，C，D群の重合に用いられる．さらに，Ⅲ群はC，D群を，Ⅳ群はD群のみを重合できる．アニオン重合での開始反応はカチオン重合と同様重合初期に急激に起こり，開始剤のほとんどは消失してしまう．

● **リビング重合** ● ●

アニオン重合の中には停止反応や連鎖移動反応が全く起こらない重合も見出されている．このような重合は**リビング重合**と呼ばれている．図2.6に示したようにナフタレンの無水テトラヒドロフラン溶液に金属ナトリウムを加えると

表2.8　代表的なアニオン重合性モノマー

A	α-メチルスチレン，ブタジエン，スチレン，ビニルピリジン
B	メタクリル酸メチル，アクリル酸メチル
C	メチルビニルケトン，アクリロニトリル，アクリルアミド
D	ニトロエチレン，メチレンマロン酸ジメチル，α-シアノアクリル酸エチル，ビニリデンシアニド

表2.9　アニオン重合開始剤

I	アルカリ金属（Li, Na, K, Ca, Ba），アルカリ金属芳香族化合物，アルキル金属アルカリ（RLi, RNa, RK, R_2Ba），アルカリアミド（KNH_2）
II	グリニャール試薬（RMgX），アルカリ金属ケチル
III	アルカリ金属アルコキシド（ROLi, RONa, ROK）
IV	ピリジン，NR_3, ROR, ROH, H_2O

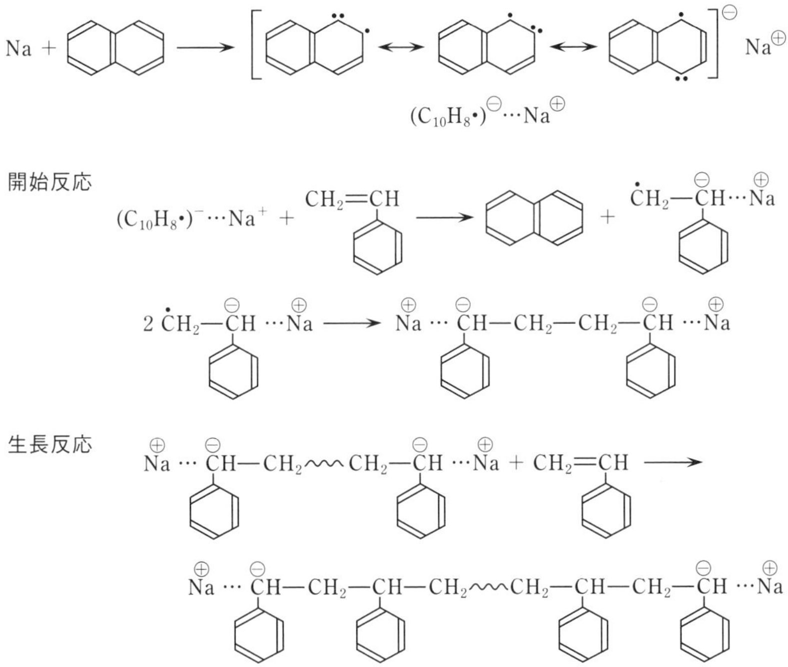

$(C_{10}H_8{}^{\bullet})^{\ominus}\cdots Na^{\oplus}$

開始反応

生長反応

図 2.6　スチレンのリビング重合

ナフタレンナトリウムが得られる．この溶液にスチレンを加えると速やかにアニオン重合が起こり，しかも重合が 100％ 進行した後もジアニオンが活性を維持したまま存在することが明らかになった．ジアニオンをもったリビングポリマーにメタクリル酸メチルのモノマーを加えると，さらにアニオン重合が引き続いて起こることがわかった．

●2.4　配位重合●

　チーグラーが発見しナッタにより発展した**チーグラー–ナッタ触媒**は，これまで高温・高圧下のラジカル重合により合成されてきたポリエチレンやポリプロピレンを，常圧で合成できることを初めて示した触媒である．しかも，得られる高分子の立体規則性も著しく向上していることが明らかになった．チーグラー–ナッタ触媒は $TiCl_4$ などの遷移金属化合物とトリエチルアルミニウムなどの有機金属化合物から構成されているため，どちらの金属が重合に寄与しているか，その重合機構について長い間議論されてきた．しかし，現在では遷移金属が重合の活性点であるという説に至っている（表 2.10，図 2.7）．

　チーグラー–ナッタ触媒は，**遷移金属–有機金属系触媒**が高分子を合成する上で重合を促進させるだけでなく，高分子の立体構造の規則性も制御できることを見出した．この発見は高分子化学だけでなく有機金属化学にも多大な影響を与えることになる．さらに，石油化学工業の発展にも大きく貢献したことから，そのような業績に対し，チーグラー，ナッタ両氏は 1963 年ノーベル化学賞を受賞することになる．

●2.5　開環重合●

　開環重合とは環状モノマーを開いて線状高分子を得る反応で，環状エーテルなどは開環重合しやすいモノマーとして知られている（図 2.8）．

$$\text{C}_n\,\text{X} \longrightarrow \text{(\!C}_n\text{--X\!)}_m$$

　一般に，ヘテロ原子（酸素，窒素，硫黄，ケイ素，リンなど）を含む環状モノマーは高分子量体を得やすく，得られる高分子は副生成物も少ないため，重要な工業的生産プロセスとして開環重合は用いられている．

　開環重合の反応性は環のひずみに依存する．一般に**環のひずみは 3 員環で最**

表2.10　チーグラー‐ナッタ触媒

第Ⅰ‐Ⅲ金属アルキル	第Ⅳ‐Ⅵ遷移金属化合物
AlR$_3$, AlR$_2$Cl, AlRCl$_2$, BeR$_2$, ZnR$_2$, NaR	TiCl$_4$, TiCl$_3$, VCl$_4$, VOCl$_3$, Ti(OR)$_4$, CrCl$_3$, MnCl$_3$

R：アルキル基

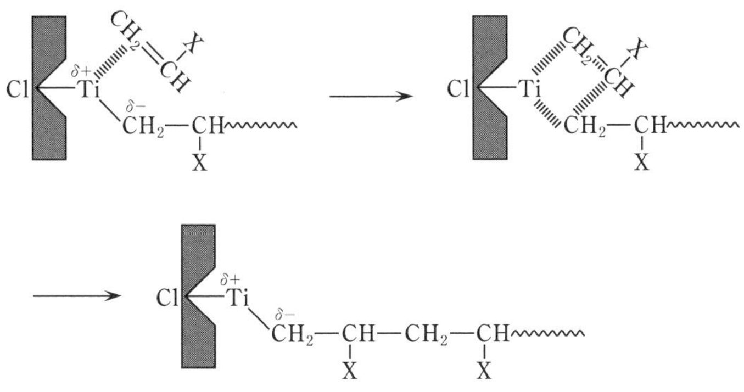

図2.7　チーグラー‐ナッタ触媒の重合機構

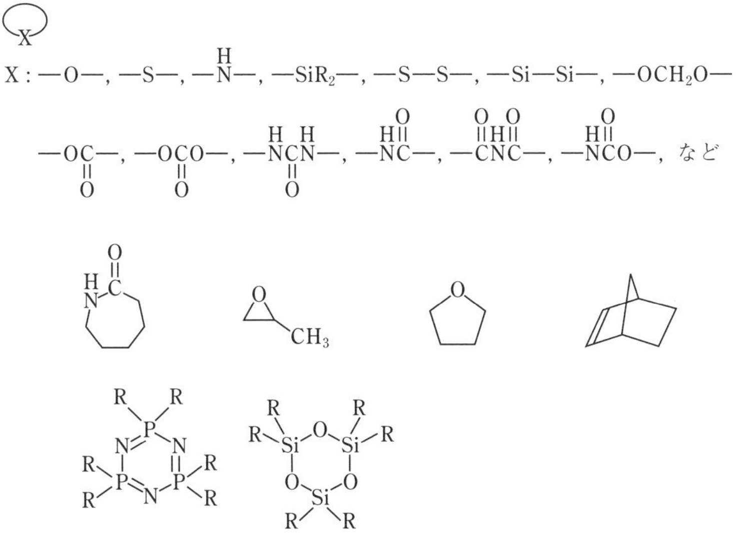

X：—O—, —S—, —$\overset{H}{N}$—, —SiR$_2$—, —S—S—, —Si—Si—, —OCH$_2$O—

—$\underset{O}{O}$C—, —$\underset{O}{O}$CO—, —$\overset{H}{N}$$\overset{H}{C}$$\overset{}{N}$—, —$\overset{O}{N}$$\overset{\parallel}{C}$—, —$\overset{O}{C}$$\overset{\parallel O}{N}$$\overset{}{C}$—, —$\overset{O}{N}$$\overset{\parallel}{C}$O—, など

図2.8　代表的な環状モノマー

大となるため，その開環重合性は最も大きくなる．環のひずみは 4 員環，5 員
環と進むにつれ減少し，重合反応性も低下する．5 員環では結合角のひずみは
なく，隣接する水素原子間の反発によるひずみのみが生じる．その結果，重合
は比較的遅い．6 員環ではさらに安定なイス型となるためひずみはなくなり，
開環しにくいか，開環しなくなる．しかし，7 員環，8 員環では水素原子間の反
発が増すため，逆にひずみが見られるようになる．開環重合を考えるときは開
環に伴う自由エネルギーの変化から見るとわかりやすい．図 2.9 からわかるよ
うに 3 員環，4 員環の ΔG は負に大きく，開環が起こりやすいことを示している．
一方，5 員環，6 員環では ΔG は僅かに負か正を示すため，環の安定性が高く開
環が起こりにくいことがわかる．

　環状エーテル，環状イミン，環状スルフィドなどがカチオン重合で開環が起
こる．開始剤としてはプロトン酸，ルイス酸などが用いられ，生長反応はヘテ
ロ原子がカチオンとなり重合が進行していく．

　一方，環状ウレタン，環状尿素，ラクトン，ラクタンなどがアニオン重
合により開環される．開始剤には有機金属化合物，アルカリ金属などが用
いられる．

● 2.6　重　縮　合 ●

酸とアルコールなどを反応させると水の脱離が起こり縮合反応が進行する．

$$\text{R--COOH} + \text{R}'\text{--OH} \rightleftharpoons \text{R--COO--R}' + \text{H}_2\text{O}$$
$$\text{R--COOH} + \text{R}'\text{--NH}_2 \rightleftharpoons \text{R--CONH--R}' + \text{H}_2\text{O}$$

有機化学では良く知られた縮合反応であるが，もしモノマーに縮合可能な 2 つ
の官能基があると縮合が繰り返し起こることになり，生成する副生成物（水な
ど）を取り除くことができれば線状高分子が得られる．このような重合を**重縮
合**と言い，その反応は段階的に進む逐次反応となる．代表的な重縮合の例を図
2.10 に示す．

● 重縮合の重合度 ● ●

　反応が逐次的に進む重縮合では，高分子の分子量は反応時間すなわち重合の
進行とともに急激に増加してくる．このことを定量的に考えてみよう．最初，
N_0 個のモノマーがあるとすると，重縮合が進行した後では反応系には N 個のモ

+10
0
−10
−20
ΔG/kcal·mol⁻¹ ⟶
2 3 4 5 6 7 8
環員数 ⟶

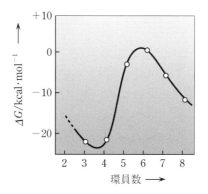

図 2.9　シクロアルカンの環員数と仮想的開環重合自由エネルギーの変化の関係

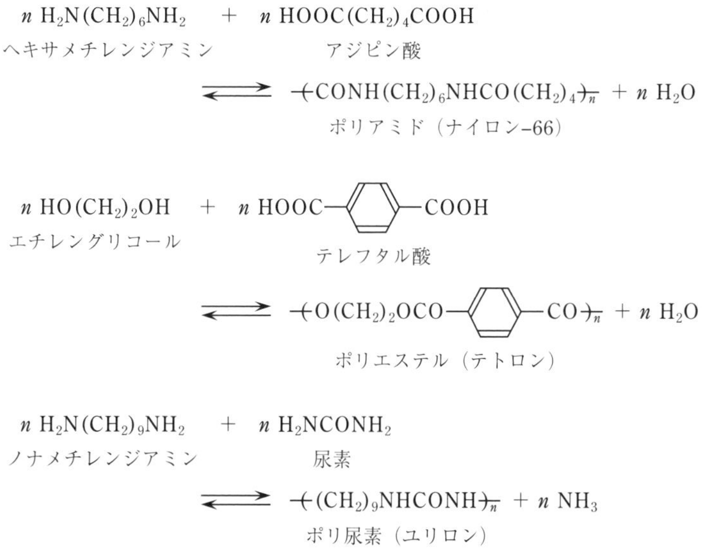

n H2N(CH2)6NH2 + n HOOC(CH2)4COOH
ヘキサメチレンジアミン
アジピン酸
⇌ ⟮CONH(CH2)6NHCO(CH2)4⟯n + n H2O
ポリアミド（ナイロン-66）
n HO(CH2)2OH + n HOOC—C6H4—COOH
エチレングリコール
テレフタル酸
⇌ ⟮O(CH2)2OCO—C6H4—CO⟯n + n H2O
ポリエステル（テトロン）
n H2N(CH2)9NH2 + n H2NCONH2
ノナメチレンジアミン
尿素
⇌ ⟮(CH2)9NHCONH⟯n + n NH3
ポリ尿素（ユリロン）

図 2.10　重縮合系高分子

ノマーが残ることになる．その場合，反応度（p）は

$$p = \frac{N_0 - N}{N_0}$$

で表される．高分子の**数平均重合度**（$\bar{P}_n$）は，最初に存在していたモノマー数を反応が進行した時点で存在するモノマー数で割った値で示されることから

$$\bar{P}_n = \frac{1}{1-p}$$

となる．反応度 p と数平均重合度 $\bar{P}_n$ の関係を**表 2.11** に示したが，この表からもわかるように，重縮合で高い分子量を得るには反応をできるだけ完結するまで進行させることが重要である．そのためには低分子の縮合反応がそうであるように，重縮合も可逆反応であるため反応中に生成してきた副生成物（水など）を除去しながら反応を進める必要がある．

　また，一方のモノマーが過剰に存在すると重合度は小さくなり高分子量体は得られなくなるため，重縮合で高い分子量体を合成するには，厳密に等モルずつモノマーを仕込むことも重要である．

　実際，実用可能な縮合系高分子を得るには，カルボン酸誘導体やアミンと，アルコールなどの求核試薬との反応性を考慮し，最も適した重縮合法を選択する必要がある．

　重縮合の中には環化して縮合する場合もある．この**環化重縮合**によって得られる高分子は，一般的に**耐熱性高分子**として重要なものが多い．代表的な環化重縮合には，芳香族カルボン酸無水物と芳香族ジアミンから合成するポリイミドがある．ポリイミドは高度な耐熱性や耐薬品性などを持ち，特に耐熱性高分子としては最高位にある材料であるため，あらゆる産業分野で使用されている．図 2.11 に見られるように，ポリイミドの合成は第 1 段階の開環重付加反応と第 2 段階の閉環重縮合からなる 2 段階で進行する．

　さらに，4 つの官能基をもつモノマーを用い環化重縮合を行えば，より耐熱性の高い高分子を得られる（図 2.12）．これらの高分子は**ラダーポリマー**と呼ばれている．

表 2.11　反応度と数平均重合度の関係

反応度 p	0	0.5	0.8	0.9	0.95	0.99	0.999
数平均重合度 $\overline{P}_n$	1	2	5	10	20	100	1 000

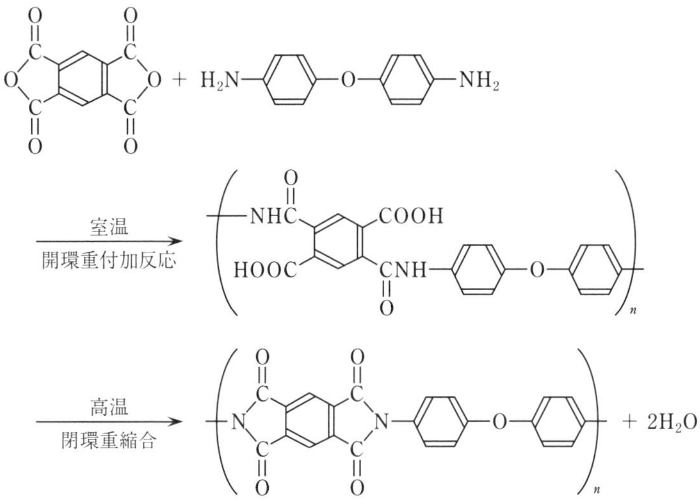

図 2.11　芳香族ポリイミドの合成

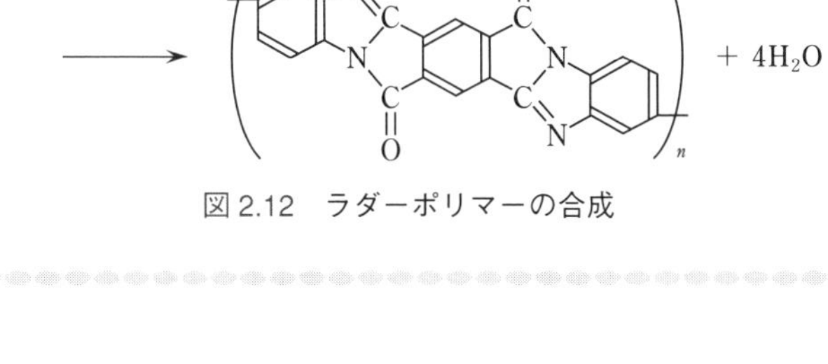

図 2.12　ラダーポリマーの合成

低分子の付加反応として，ウレタン，尿素，ディールス-アルダー反応物など
はよく知られている．イソシアナート基を持つ化合物は，活性水素（OH や HN$_2$
など）をもつため容易に付加反応を行うが，もし2つの官能基をもつモノマー
を用いれば，その付加反応が繰り返し起こるため高分子が得られることになる．
このような重合を**重付加**という．

$$\overset{\delta-}{R-N}=\overset{\delta+}{C}=O \ + \ \overset{\delta+}{H}-\overset{\delta-}{R'} \ \longrightarrow \ R-\underset{\underset{H}{|}}{N}-\underset{\underset{R'}{|}}{C}=O$$

　重付加反応も重縮合と同様に逐次重合に分類される．重縮合が水や塩酸など
の副生成物を伴い重合が進行するのに対し，重付加反応では副生成物は発生し
てこない．重付加の代表的な反応に，イソシアナートへのアルコールやアミノ
付加がある（図2.13）．この反応から得られる高分子は**ポリウレタン**，**ポリ尿
素**と呼ばれ，重付加から合成される高分子の代表格である．

● **ポリウレタン** ● ●

　ポリウレタンの合成はジイソシアナートとジオールの反応以外にもビスカル
バメートとジオールやビスクロロホルメートとジアミンなどいくつかの合成法
が提案されている．しかし，その中でもジイソシアナートとジオールの反応が
最も簡便であるため，広く用いられている．

　実際のポリウレタンの合成は**ワンショット法**か**プレポリマー法**のいずれかで
行われている．

　ワンショット法はジイソシアナートとジオールを1段で反応させる方法であ
る．

　プレポリマー法は図2.14に示すように，過剰なジイソシアナート存在下にジ
オールを加え末端イソシアナート基をもつプレポリマーを合成，その後さらに
ジオールあるいはジアミンを加え合成を完了させる方法である．特にジアミン
を加えると尿素結合が生成されるため，高分子間で水素結合が形成され，強度
の強い高分子が得られることになる．

● **ポリ尿素** ● ●

　ポリ尿素は分子間の水素結合のため高い結晶性を示し，有機溶媒に対する溶
解性が極めて低い．そのため合成中に高分子が析出し高分子量のポリ尿素を得

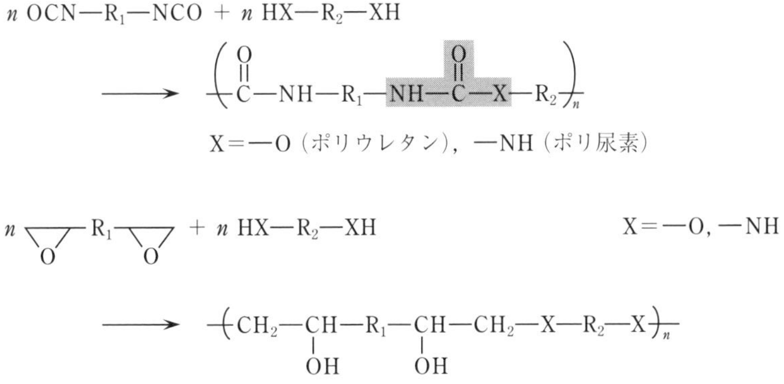

$$n \text{ OCN}-\text{R}_1-\text{NCO} + n \text{ HX}-\text{R}_2-\text{XH}$$

$$\longrightarrow \left(\begin{matrix} \text{O} \\ \| \\ \text{C}-\text{NH}-\text{R}_1-\text{NH}-\text{C}-\text{X}-\text{R}_2 \end{matrix}\right)_n$$

X＝—O（ポリウレタン），—NH（ポリ尿素）

$$n \; \triangle\text{R}_1\triangle + n \text{ HX}-\text{R}_2-\text{XH} \qquad\qquad \text{X}＝—\text{O}, —\text{NH}$$

$$\longrightarrow \left(\text{CH}_2-\underset{\underset{\text{OH}}{|}}{\text{CH}}-\text{R}_1-\underset{\underset{\text{OH}}{|}}{\text{CH}}-\text{CH}_2-\text{X}-\text{R}_2-\text{X}\right)_n$$

図 2.13 代表的な重付加反応

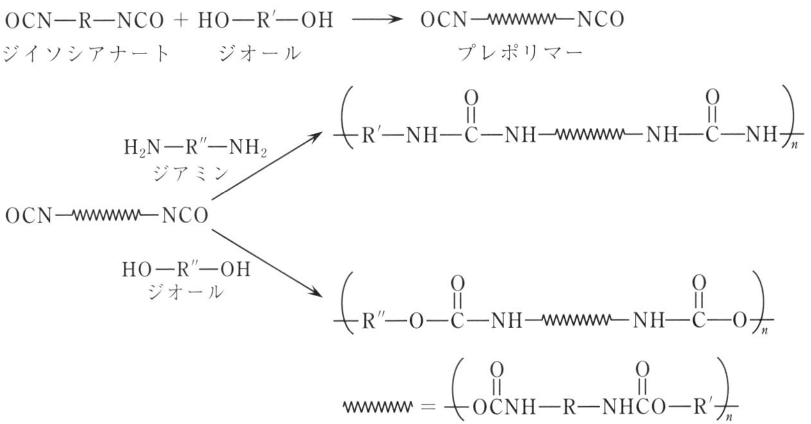

OCN—R—NCO + HO—R′—OH ⟶ OCN—〜〜〜—NCO
ジイソシアナート　　ジオール　　　　　プレポリマー

H₂N—R″—NH₂
ジアミン

$$\left(\text{R}'-\text{NH}-\overset{\overset{\text{O}}{\|}}{\text{C}}-\text{NH}-\!\!\text{〜〜〜}\!\!-\text{NH}-\overset{\overset{\text{O}}{\|}}{\text{C}}-\text{NH}\right)_n$$

OCN—〜〜〜—NCO

HO—R″—OH
ジオール

$$\left(\text{R}''-\text{O}-\overset{\overset{\text{O}}{\|}}{\text{C}}-\text{NH}-\!\!\text{〜〜〜}\!\!-\text{NH}-\overset{\overset{\text{O}}{\|}}{\text{C}}-\text{O}\right)_n$$

$$\text{〜〜〜} = \left(\overset{\overset{\text{O}}{\|}}{\text{OCNH}}-\text{R}-\overset{\overset{\text{O}}{\|}}{\text{NHCO}}-\text{R}'\right)_n$$

図 2.14 プレポリマー法によるポリウレタンの合成

るのが大変難しい．そこで図 2.15（p.62）に示すように，シリル化ジアミンを用いることにより水素結合を抑え，高分子の有機溶媒に対する溶解性を高め，高分子量体を合成しようとする試みがなされている．この場合，最終的にシリル化ポリ尿素を水やメタノールにより加水分解するとポリ尿素が得られることになる．ジイソシアナート以外でも活性水素を有する化合物と付加反応をさせることは比較的容易で，図 2.16（p.62）に示すような高分子を得ることができる．

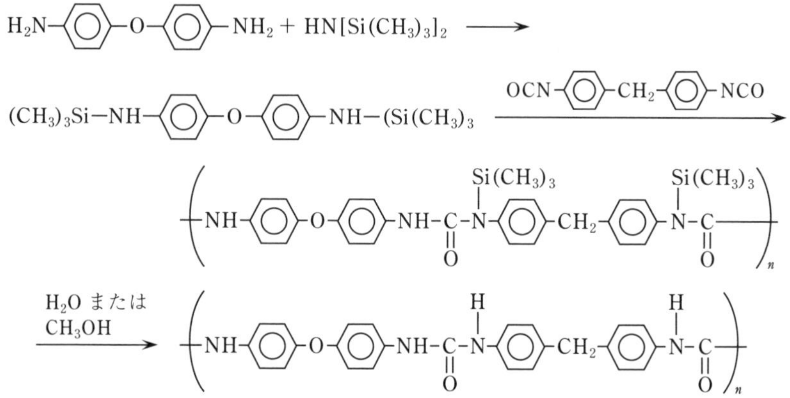

$$\text{H}_2\text{N}-\bigcirc-\text{O}-\bigcirc-\text{NH}_2 + \text{HN}[\text{Si}(\text{CH}_3)_3]_2 \longrightarrow$$

$$(\text{CH}_3)_3\text{Si}-\text{NH}-\bigcirc-\text{O}-\bigcirc-\text{NH}-(\text{Si}(\text{CH}_3)_3 \xrightarrow{\text{OCN}-\bigcirc-\text{CH}_2-\bigcirc-\text{NCO}}$$

$$\left(\text{NH}-\bigcirc-\text{O}-\bigcirc-\text{NH}-\underset{\text{O}}{\overset{\text{Si}(\text{CH}_3)_3}{\underset{||}{\text{C}}}}-\text{N}-\bigcirc-\text{CH}_2-\bigcirc-\underset{\text{O}}{\overset{\text{Si}(\text{CH}_3)_3}{\text{N}-\overset{||}{\text{C}}}}\right)_n$$

$$\xrightarrow[\text{CH}_3\text{OH}]{\text{H}_2\text{O または}} \left(\text{NH}-\bigcirc-\text{O}-\bigcirc-\text{NH}-\underset{\text{O}}{\overset{\text{H}}{\underset{||}{\text{C}}-\text{N}}}-\bigcirc-\text{CH}_2-\bigcirc-\underset{\text{O}}{\overset{\text{H}}{\text{N}-\overset{||}{\text{C}}}}\right)_n$$

図 2.15　シリル化法によるポリ尿素の合成

$$n\ \text{O}=\text{C}=\text{CH}-\text{R}-\text{CH}=\text{C}=\text{O} + n\ \text{H}_2\text{N}-\text{R}'-\text{NH}_2$$
ジケテン
$$\longrightarrow \left(\text{COCH}_2-\text{R}-\text{CH}_2\text{CONH}-\text{R}'-\text{NH}\right)_n$$
ポリアミド

$$n\ \text{O}=\text{C}=\text{CH}-\text{R}-\text{CH}=\text{C}=\text{O} + n\ \text{HO}-\text{R}'-\text{OH}$$
$$\longrightarrow \left(\text{COCH}_2-\text{R}-\text{CH}_2\text{COO}-\text{R}'-\text{O}\right)_n$$
ポリエステル

$$n\ \overset{\text{CH}_2}{\underset{\text{CH}_2}{\big\rangle}}\text{N}-\text{R}-\text{N}\overset{\text{CH}_2}{\underset{\text{CH}_2}{\big\langle}} + n\ \text{H}_2\text{N}-\text{R}'-\text{NH}_2$$
ビスエチレンイミン
$$\longrightarrow \left(\text{CH}_2\text{CH}_2\text{NH}-\text{R}-\text{NHCH}_2\text{CH}_2\text{NH}-\text{R}'-\text{NH}\right)_n$$
ポリアミン

$$n\ \text{CH}_2-\text{CH}-\text{R}-\text{CH}-\text{CH}_2 + n\ \text{HO}-\text{R}'-\text{OH}$$
ビスエポキシド
$$\longrightarrow \left(\underset{\text{OH}}{\text{CH}_2\text{CH}}-\text{R}-\underset{\text{OH}}{\text{CHCH}_2}\text{O}-\text{R}'-\text{O}\right)_n$$
ポリエーテル

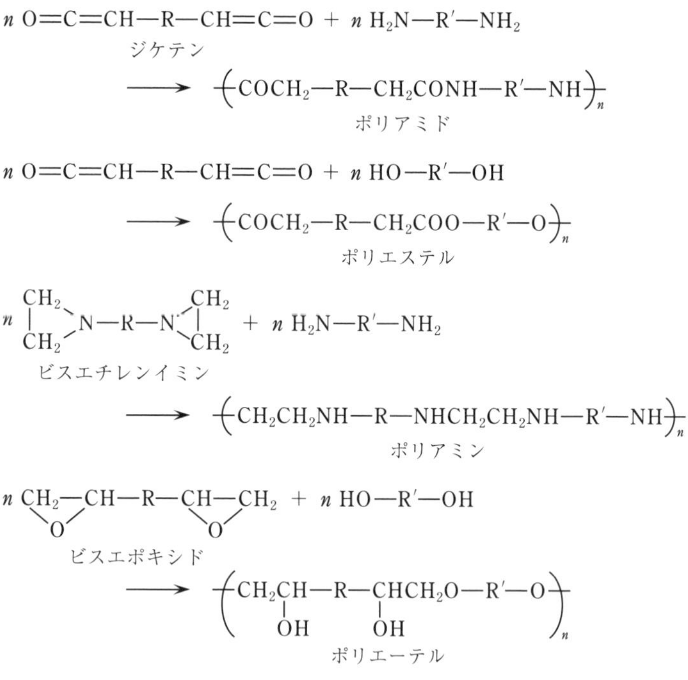

図 2.16　代表的なポリ尿素

高性能高分子材料

高分子のミクロ相分離構造

　一般に，**エンジニアリングプラスチック**（通称エンプラ）とは高強度・高弾性で耐熱性に優れた高分子材料のことをいい，構造材料，電気電子部品，機械部品，自動車部品など産業のあらゆる分野で広く利用されている材料である．従来のエンジニアリングプラスチックの強度や耐熱性を遥かに上回るスーパーエンジニアリングプラスチックも登場してきており，将来的には "金属に代わる" 軽くて強い材料としてエンジニアリングプラスチックには大きな期待が寄せられている．

　エンジニアリングプラスチックの高性能化，高機能化を実現する 1 つの方法として，成型時のレオロジー挙動を利用し高分子鎖を高度に配向させる手法がある．**液晶高分子**は液晶状態から紡糸すると高強度・高弾性率に富んだ材料が得られるため，高性能高分子材料を設計する上で高分子の液晶性は 1 つの重要な条件である．

　さらに，最近では高分子材料の性能・機能に対する要求が多様化し，単一の高分子材料だけではその要求を満足させることが困難となってきた．そこで，異なる特性を持つ高分子を効果的に複合化させることにより，要求に応えようという研究が進められている．これは**ポリマーアロイ**という考え方で，多成分系高分子からなる材料を分子レベルで制御し高分子の相構造を形成させ多様な機能を発現させる材料である．

　本章では機能性に富んだ高性能高分子をエンジニアリングプラスチック，液晶高分子，ポリマーアロイの点から解説する（図 3.1）．

● 3.1　耐熱性高分子 ●

3.1.1　耐熱性高分子の分子設計

　軽くて強い**エンジニアリングプラスチック**の登場により，金属に対抗できる材料としてプラスチックは様々な分野で使用されるようになった．プラスチックがこれほど利用されるようになった大きな理由は，プラスチックの最大の弱点であった耐熱性が改善されたからである．つまり，エンジニアリングプラスチックが広く普及されるための条件として耐熱性は最も重要な要件である．ここでは先ず，どのようにして耐熱性エンジニアリングプラスチックを設計するかを述べたい．

　高分子の融点を上げるには，2 章で述べたようにエンタルピー（H）項とエントロピー（S）項を考慮した材料設計を行う必要がある．

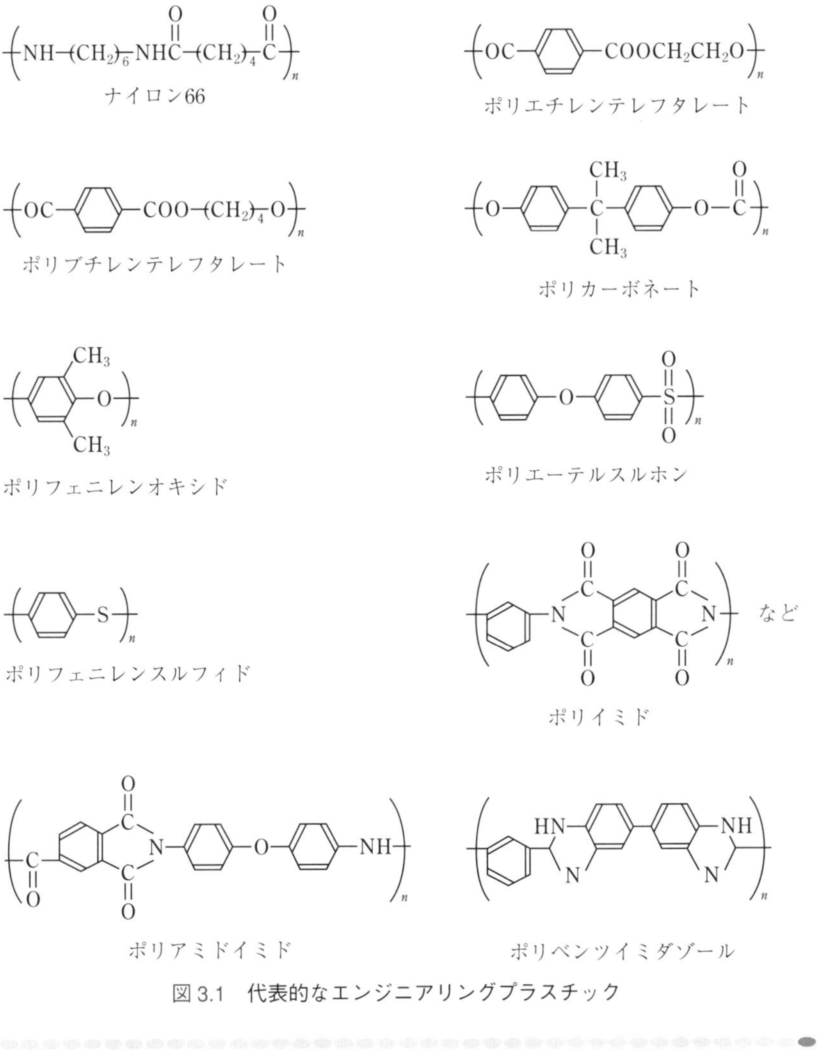

ナイロン66

ポリエチレンテレフタレート

ポリブチレンテレフタレート

ポリカーボネート

ポリフェニレンオキシド

ポリエーテルスルホン

ポリフェニレンスルフィド

ポリイミド

ポリアミドイミド

ポリベンツイミダゾール

図3.1 代表的なエンジニアリングプラスチック

$$T_\mathrm{m} = \frac{\Delta H}{\Delta S}$$

式からわかるように，高い融点を持つ高分子を得るには，ΔH を大きくするか，ΔS を小さくする必要がある．

一般に，耐熱性の高い高分子を合成する場合，ΔS を小さくするのが最も効果的である．融解しても形態変化の少ない剛直な構造をとる高分子を合成すれば ΔS は減少する．表3.1 に示すように p-フェニレンの重合体の T_m を ΔH と ΔS の関係から眺めてみると，ΔH の増加に比べ ΔS の減少が T_m の増加に関与していることがわかる．直鎖状の芳香族あるいは複素環からなる高分子がこのように優れた耐熱性を示すのは分子運動が抑制された剛直な構造をとるためである．

図3.2 に示すようにガラス転移温度（T_g）と融点 T_m には良い相関関係が成り立ち，対称性高分子，非対称性高分子では経験的に直線関係が成立することは既に述べた．従って，T_m がわかれば T_g を推測することができ，高い T_m 値を持つ高分子は高い T_g をとるため，結果として耐熱性に優れてた高分子ということになる．

次に代表的な耐熱性高分子である**芳香族ポリイミド**の構造と T_g との相関を眺めてみよう．表3.2 には芳香族酸無水物と芳香族ジアミンの構造式を示した．表からわかるようにポリイミド構造の対称性が高いほど T_g は高く，対称性が低いほど T_g は低くなる．

また，ジアミン成分に回転可能な部分を含むと T_g は低下する．つまり，高分子構造の対称性が高く，高分了主鎖部にフレキシビリティーな結合部を持たない構造を設計すれば耐熱性高分子が得られることになる．

3.1.2　耐熱性高分子の合成

現在，多くの耐熱性高分子があらゆる産業分野で利用されている．ここでは耐熱性高分子としての代表格である芳香族高分子の**ポリアリレート**（全芳香族ポリエステル）と芳香族ポリイミドを取り上げその合成法を紹介する．

● ポリアリレートの合成 ● ●

ポリアリレート（全芳香族ポリエステル）には**非晶ポリアリレート**と**液晶性ポリアリレート**があるが，一般的に高耐熱性高分子には後者が用いられる（図3.3，p.69）．液晶ポリエステルであるポリアリレートは溶融成型することによ

表 3.1 オリゴ（*p*–フェニレン）（*n* = 1〜6）の T_m, ΔH_m, ΔS_m

構　　造	分子量	T_m (K)	ΔH (kcal/mol)	ΔS (cal/mol·K)	$\dfrac{\Delta H}{n}$	$\dfrac{\Delta S}{n}$
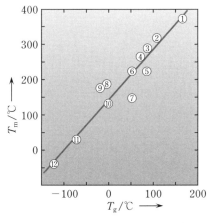	78	278	2.2	7.9	2.2	7.9
	154	343	3.9	11	2.0	5.6
	230	486	7.3	15	2.4	5.0
	306	593	9.2	15	2.3	3.9
	383	661	7.2	11	1.4	2.2
	459	702	4.3	6.0	0.7	1.0

① ポリエーテルケトン
② ポリアクリロニトリル
③ ポリフェニレンスルフィド
④ ポリエチレンテレフタラート
⑤ ポリ塩化ビニル
⑥ ナイロン 66
⑦ （アイソタクチック）ポリメタクリル酸メチル
⑧ ポリ塩化ビニリデン
⑨ （アイソタクチック）ポリプロピレン
⑩ ポリデカメチレンテレフタラート
⑪ 天然ゴム
⑫ ポリジメチルシロキサン

図 3.2　代表的な高分子の T_m と T_g の関係

表 3.2　芳香族ポリイミドと T_g の関係

芳香族ジアミン ＼ 芳香族酸無水物			
198	207	204	
234	243	235	
241	244	253	
246	270	268	
294	313	—	

り，高い耐熱性だけでなく高強度・高弾性率も併せ持つエンジニアリングプラスチックになる．

　次に具体的な合成方法について述べよう．ポリアリレートを合成する場合，芳香族カルボン酸とフェノールなどを単純に混ぜて加熱し脱水しても得られない．それは，カルボン酸の反応性が低く，フェノールも求核性に劣るためである．

$$\text{HO-Ar-OH} + \text{HOOC-Ar'-COOH} \xrightarrow{-H_2O} \text{(O-Ar-OCO-Ar'-CO)}_n$$
$$\text{Ar, Ar'：芳香族環}$$

　そこで，ポリアリレートは次に示すように，カルボン酸の活性を高めた酸クロリドを用いるのが最も一般的な合成法である．

$$\text{MO-Ar-OM} + \text{ClOC-Ar'-COCl} \xrightarrow{-MCl} \text{(O-Ar-OCO-Ar'-CO)}_n$$
$$\text{M}=\text{Na, K}$$

　エステル交換法も有用な合成法である．ポリエチレンテレフタレートをはじめ多くのポリエステルがこの方法から合成されている．

$$\text{CH}_3\text{OOC-Ar'-COOCH}_3 + 2\text{HO-Ar-OH}$$
$$\longrightarrow \text{HO-Ar-OOC-Ar'-COO-Ar-OH} + 2\text{CH}_3\text{OH}$$

$$\text{HO-Ar'-OOC-Ar-COO-Ar'-OH}$$
$$\longrightarrow \text{(OC-Ar'-OCO-Ar-O)}_n + \text{HO-Ar'-OH}$$

● 芳香族ポリイミドの合成 ● ●

　芳香族ポリイミドは高耐熱性高分子の代表的なポリマーでこれまで多くのポリイミドが合成され商品化されてきた（**表** 3.3）．ポリイミドの合成の一般的方法は，芳香族酸無水物と芳香族ジアミンを開環重付加-脱水環化反応させる 2 段階合成法である．

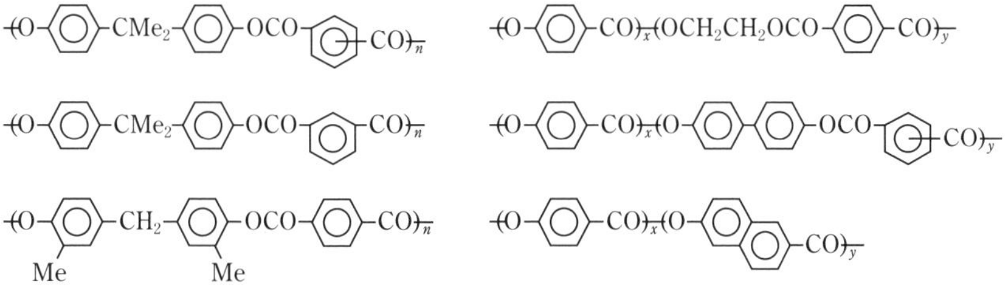

$+O-\langle\!\!\bigcirc\!\!\rangle-CMe_2-\langle\!\!\bigcirc\!\!\rangle-OCO-\langle\!\!\bigcirc\!\!\rangle-CO\}_n$

$+O-\langle\!\!\bigcirc\!\!\rangle-CMe_2-\langle\!\!\bigcirc\!\!\rangle-OCO-\langle\!\!\bigcirc\!\!\rangle-CO\}_n$

$+O-\langle\!\!\bigcirc\!\!\rangle-CH_2-\langle\!\!\bigcirc\!\!\rangle-OCO-\langle\!\!\bigcirc\!\!\rangle-CO\}_n$
Me　　　　Me

$+O-\langle\!\!\bigcirc\!\!\rangle-CO\}_x(OCH_2CH_2OCO-\langle\!\!\bigcirc\!\!\rangle-CO\}_y$

$+O-\langle\!\!\bigcirc\!\!\rangle-CO\}_x(O-\langle\!\!\bigcirc\!\!\rangle-\langle\!\!\bigcirc\!\!\rangle-OCO-\langle\!\!\bigcirc\!\!\rangle-CO\}_y$

$+O-\langle\!\!\bigcirc\!\!\rangle-CO\}_x(O-\langle\!\!\bigcirc\!\!\rangle-\langle\!\!\bigcirc\!\!\rangle-CO\}_y$

図 3.3　代表的なポリアリレートの構造

表 3.3　代表的な芳香族ポリイミド

Ar	Ar′	T_g (℃)
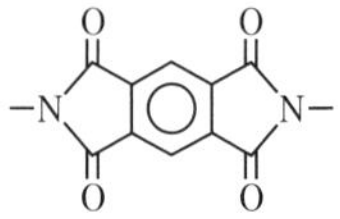 （ピロメリット酸イミド構造）	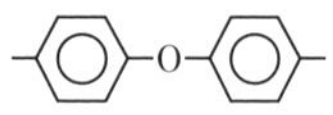 $-\langle\!\bigcirc\!\rangle-O-\langle\!\bigcirc\!\rangle-$	420
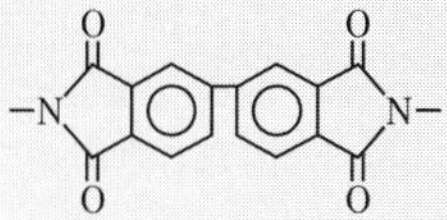 （ビフェニルテトラカルボン酸イミド構造）	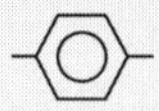 $-\langle\!\bigcirc\!\rangle-$	500
	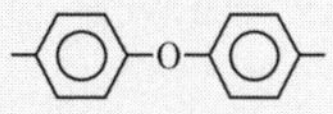 $-\langle\!\bigcirc\!\rangle-O-\langle\!\bigcirc\!\rangle-$	285
	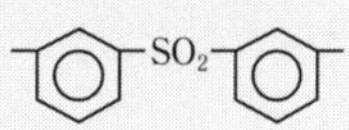 $-\langle\!\bigcirc\!\rangle-SO_2-\langle\!\bigcirc\!\rangle-$	240
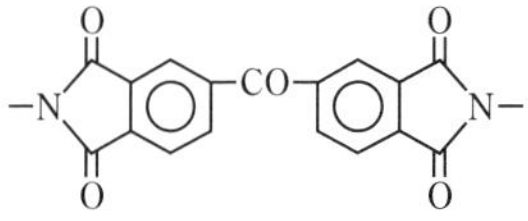 （CO 架橋二無水物イミド構造）	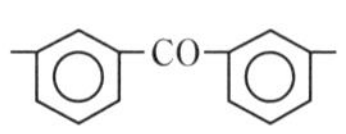 $-\langle\!\bigcirc\!\rangle-CO-\langle\!\bigcirc\!\rangle-$	264
	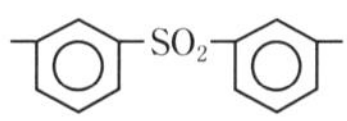 $-\langle\!\bigcirc\!\rangle-SO_2-\langle\!\bigcirc\!\rangle-$	273
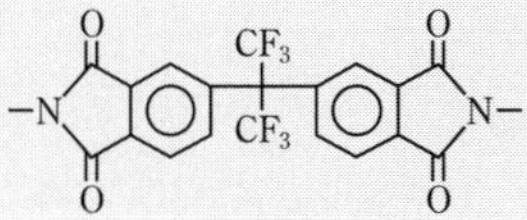 （$C(CF_3)_2$ 架橋イミド構造）	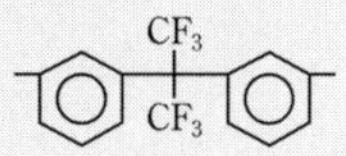 $-\langle\!\bigcirc\!\rangle-\underset{CF_3}{\overset{CF_3}{C}}-\langle\!\bigcirc\!\rangle-$	260
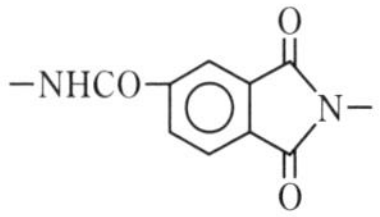 （-NHCO- 含有イミド構造）	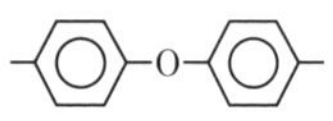 $-\langle\!\bigcirc\!\rangle-O-\langle\!\bigcirc\!\rangle-$	288

　一般に多くのポリイミドは不溶不融であるため，第1段階で得られた可溶性の前駆体であるポリアミド酸をフィルムや他の形に成型し，その後300℃以上の高温加熱下で脱水環化反応を行うことによりポリイミドを合成する．今日，ポリイミドが耐熱性・絶縁性樹脂として利用されている大きな理由は，このように可溶性の前駆体が得られるからである．これにより他のエンジニアリングプラスチックに比べ格段に成型加工が容易となる．ポリアミド酸のイミド化法には，高温減圧下で脱水環化反応を行う熱イミド化と，温和な条件下で脱水環化剤を用いイミド化反応を進行させる化学イミド化がある．化学イミド化法では，脱水環化剤として無水酢酸—ピリジン系を用いるのが一般的である．

　現在ポリイミドの開発動向は，従来のエンジニアリングプラスチックで求められていた高耐熱性，高強度・高弾性に加え，低熱膨張率，低誘電率，感光性，分離機能など，多機能化かつ高機能化の方向へ向けられている．

● 3.2　液晶高分子 ●

3.2.1　液晶高分子の構造

　液晶高分子が材料として注目されるようになったのは，デュポンが開発したケブラーが液晶状態から紡糸すると高強度・高弾性率に富んだ材料を与えるということが明らかになってからである．そこで先ず，ここでは液晶をとるための高分子の化学構造を明らかにし，さらに液晶高分子の相構造について解説しよう．

　図3.4に示したように，液晶高分子を化学構造から分類すると**主鎖型液晶**，**側鎖型液晶**，両者が組み合わさった**複合型液晶**にわけられる．主鎖型液晶高分子の多くは，複数の芳香族環からなるメソゲン基が直線状に結ばれた剛直な構造をとり，メソゲン基の配列に伴い主鎖が配向する．主鎖型液晶高分子は液晶状態からの紡糸による高強度・高弾性率繊維として期待されている．一方，側鎖型液晶高分子は側鎖にメソゲン基を持つため，主鎖と側鎖のメソゲン基の長軸が異なる方向を示し，主鎖は単にメソゲン基の固定化として働く．従って，側鎖型液晶高分子は側鎖に機能性メソゲンを導入し，それらを高分子化することを目的とした設計が施されている．

　さらに液晶高分子は**サーモトロピック液晶**（熱溶融型）と**リオトロピック液晶**（溶液型）に大別される．ポリエステル系はサーモトロピック液晶が多く，アラミド系ではリオトロピック液晶が主体をなす．

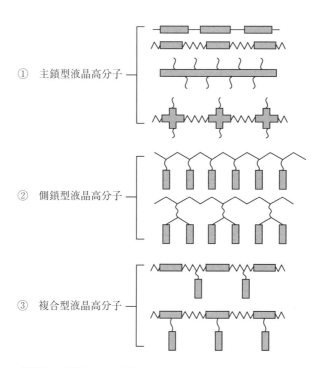

① 主鎖型液晶高分子

② 側鎖型液晶高分子

③ 複合型液晶高分子

▭ ：棒状あるいはディスコチック

／\／\ ：屈曲鎖

図 3.4 液晶高分子の分類

液晶高分子の相構造は低分子液晶と同じような構造を取り，図3.5に示したようにネマチック，スメクチック，コレステリック，ディスコチック液晶の4種類が知られている．

3.2.2　高強度材料としての液晶高分子

先にも記述したように，主鎖型液晶高分子は高耐熱性だけでなく高強度・高弾性率という特性も示すため高性能高分子として広く利用されている．特にリオトロピック液晶は溶液状態で存在するため繊維の開発に適しており，アラミド系，セルロース系，ポリペプチド系などの高分子が合成されてきた．高分子がリオトロピック液晶を示すための条件も詳しく検討されており，

(1) 分子量が大きい棒状分子であること

(2) 高分子濃度が臨界濃度以上であること

(3) 温度が臨界温度以下であること

などの条件が示されている．

一方，サーモトロピック液晶の主鎖型液晶高分子の開発も近年目覚ましいものがある．ほとんどがポリアリレート（全芳香族ポリエステル）系の高分子であるが，この高分子を溶媒を用いることなく加熱溶融状態にするだけで液晶状態（サーモトロピック液晶）が得られる．さらに射出成型を行うことにより高分子は配向するため，その成型品は高強度・高弾性率となる．その結果，通常のポリエステルに比べ引っ張り強度は数倍にも達する．これは液晶状態の高分子を配向させることにより得られる効果である．

サーモトロピック液晶では加熱溶融して液晶高分子を得るため，ポリアリレートの融点がどのくらいの値を示すのかが特に重要となる．構造からも想像できるように一般にポリアリレートの融点は高いものが多い．例えば

$$\text{+O-\!\!\bigcirc\!\!-O_2C-\!\!\bigcirc\!\!-CO+}_n \qquad \text{+O-\!\!\bigcirc\!\!-CO+}_n$$

のポリマーの融点は600℃を超えると予想されている．従って，このポリマーの融点は熱分解温度よりも高くなるため溶融成型が不可能となる．

そこで，このように高い融点を示すポリアリレートには，その融点を下げるため芳香環へ置換基を導入したり，芳香環間にスペーサー（屈曲性置換基）を導入するなどの工夫が施されている．また，高分子の対称性構造を低減させる

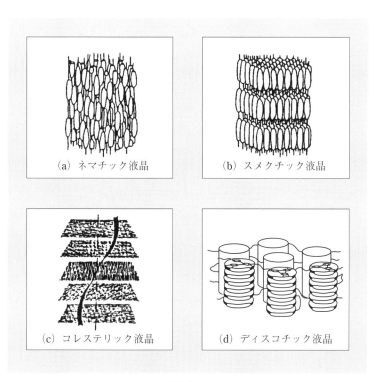

(a) ネマチック液晶　(b) スメクチック液晶

(c) コレステリック液晶　(d) ディスコチック液晶

図3.5　液晶高分子の構造

ため，メタ，オルト置換芳香環を用いてポリアリレートを合成するなど様々な試みがなされている．

このように高強度・高弾性率繊維あるいは高耐熱性繊維を得る方法として，液晶高分子溶液が配向する性質を利用し，成型時に高分子鎖を繊維軸方向に配向させる液晶紡糸法が広く用いられている．現在多くの高性能高分子は液晶紡糸法により製造されている．

● 3.3　ポリマーアロイ ●

3.3.1　高分子の相構造

近年高分子材料に要求される性能が多様化し，新しいエンジニアリングプラスチックを開発するだけでは必ずしもその要求を満たすことができなくなってきた．このような認識から，異なる性質を持つ高分子材料を複合化し要求に応えようとする試みがなされている．高分子の複合化には様々な形態があるが，大別すると高分子／高分子のブレンドと高分子の共重合による**ポリマーアロイ**に分けられる．

異なる種類の高分子を混ぜ合わせることにより材料の特性を制御する試みは以前から行われてきた．例えばポリ塩化ビニルとアクリロニトリルゴムやフェニレンエーテルとポリスチレンのブレンドなどは詳しく検討されている．さらに，金属の合金（アロイ）と同じように高分子の相構造を工夫する試みも行われるようになり，ポリマーアロイという概念が定着するようになった．しかし，構造の異なる高分子は，水や油のように溶け合わず，相溶性のよい組み合わせを見つけだすのは容易ではない．例えば低分子化合物の場合，一般的に化学構造が似たものは良く溶けると考えられているが，高分子の場合はポリエチレンやポリプロピレンのように化学構造が似ていても全く溶け合わないのである．

先ずポリマーアロイでの高分子の相構造を分類しよう．相構造から分類すると以下のようになる．

(1) 相溶系
(2) 非相溶系
(3) 半相溶系
(4) IPN（Interpenetrating Polymer Network）

高分子の混合状態を示したのが図3.6である．

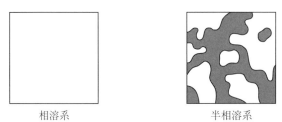
相溶系　　　　　　　　　　　　　　半相溶系

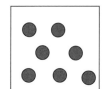
IPN

海島構造　　　　　　　　　　　　　繊維状分散
非相溶系（マクロ相分離）

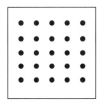
非相溶系（ミクロ相分離）

図3.6　ポリマーアロイの状態図

次に高分子間の相互作用を熱力学的に考えてみよう．Aポリマーとポリマーを考えたとき，その混合自由エネルギー ΔG_m は

$$\frac{\Delta G_m}{RT} = \frac{V}{V_r}\left(\frac{\phi_A}{m_A}\ln\phi_A + \frac{\phi_B}{m_B}\ln\phi_B + \chi_{AB}\phi_A\phi_B\right) \tag{1}$$

V：混合系での体積，V_r：セグメントのモル体積，ϕ_A, ϕ_B はポリマーのモル分率

で表されることになる．式の第3項が相互作用エントロピーである．ポリマーの混合が正則溶液（混合エントロピー変化がない系）とみなすことができれば，

$$\chi_{AB} = \frac{V_r}{RT}(\delta_A - \delta_B)^2 \tag{2}$$

δ：溶解度パラメーター

と表される．式（1）の第1, 2項は極めてゼロに近い値を示すため，δ_A と δ_B が異なれば ΔG_m は正となり，高分子の混合系は非相溶系となる．つまり，式からわかるようにほとんどの高分子の混合系は非相溶系となることが容易に理解できよう．

　しかし，この相互作用は分散力だけを考慮したものであるため，もし他の強い相互作用が高分子混合系で存在するならば ΔG_m は負となり相溶系となる．例えば，ポリアクリル酸エステル，ポリ酢酸ビニル，ポリエステルとポリ塩化ビニルの間で見られる水素結合相互作用や，ポリスチレンとポリフェニレンオキシドの間で形成される，n-π, π-π 相互作用，イオン相互作用など強い相互作用が形成される高分子のブレンド系では相溶系となることが報告されている．

　一方，非相溶系では，高分子を混ぜ合わせるとエマルジョン形態の**海島構造**をとるのが一般的である．特に，非相溶な高分子を共有結合で結んだブロック，グラフト共重合体ではA鎖とB鎖が馴染まないためむしろ分離しようとする．しかし，共有結合で固く結ばれているためそれぞれの凝集体相は小さく，ミクロの大きさに制限される．これを**ミクロ相分離構造**と呼んでいる（図3.7）．

　IPNは異なる高分子を高分子の架橋網目に相互に絡み合わせたもので，現在多くの高分子で研究が進められている．しかし，高分子鎖全体が絡み合った状態を形成するのは極めて難しく，むしろミクロ相分離構造をとりながら局所的に絡み合っていることが明らかになっている．

A球 / B

A棒 / B

AB交互層

B棒 / A

B球 / A

図3.7 ブロック共重合体から形成されるミクロ相分離構造

3.3.2　ポリマーアロイ材料の性能

　ポリマーアロイは高分子の組み合わせにより多様な性能と用途が可能であるため，ゴム，プラスチック，繊維といった汎用性高分子として広く用いられてきた．しかし最近ではエンジニアリングプラスチック，耐衝撃性材料，分離膜，医用材料など，特殊な性能が要求される機能材料にポリマーアロイが応用できるのではないかという期待から，多くの注目を集めるようになっている．そのため，新しい機能性材料としてポリマーアロイの開発研究が精力的に進められている．

　非相溶なAポリマーとBポリマーを混合するとき，A–Bブロック，あるいはグラフト共重合体を共存させると，Aポリマー，Bポリマーの界面にブロック，グラフト共重合体が存在し両ポリマーの親和性が増加する．このように高分子／高分子ブレンド系でブロック，グラフト共重合体は界面活性剤的な働きをし，高分子を相溶化させる．このような共重合体を**相溶化剤**と呼んでいる（図3.8）．相溶化剤としては，分子量が一定であるならばグラフト共重合体よりブロック共重合体のほうがよく，マルチブロック共重合体（A–B–A, B–A–Bなど）よりジブロック共重合体（A–B）のほうが好ましい．さらに，A鎖とB鎖の長さは可能な限り等しいほうが効果的である．相溶化剤を入れることによりブレンド材料は高分子の分散相の安定化を高めるため，耐衝撃性が向上することが知られている．

　また，医用の分野でもポリマーアロイ材料は用いられている．代表的な医用材料にマルチブロック共重合体の**セグメント化ポリウレタン**がある．ここで"セグメント化"と呼ぶのはポリウレタン中にソフトセグメント（ポリエステルあるいはポリエーテル部）とハードセグメント（芳香族環やウレタン結合部）という異なるセグメントが存在することを示すためである．ソフトセグメントは柔軟な成分からなり，ハードセグメントは剛直な成分からなる．ハードセグメント間の強い分子間水素結合により凝集したミクロ相分離構造が形成され，このミクロ相分離構造が血漿タンパク質の吸着に影響を与え血栓形成を抑制することが示されている．このセグメント化ポリウレタンは，人工心臓のダイアフラムなど力学的強度と柔軟さが求められている医用材料分野で臨床的に利用されている．

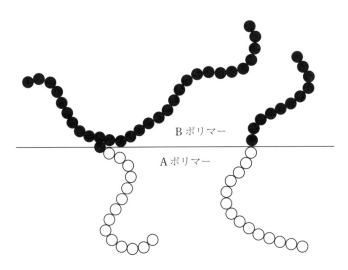

図 3.8 グラフト共重合体，ブロック共重合による相溶化剤

重付加によるポリウレタンの生成

$$HO(CH_2)OH \; + \; OCN-\langle\bigcirc\rangle-CH_2-\langle\bigcirc\rangle-NCO$$

1,4-ブタンジオール　　1,4-ジフェニルメタンジイソシアネート（MDI）

$$\longrightarrow \; +O(CH_2)_4OCONH-\langle\bigcirc\rangle-CH_2-\langle\bigcirc\rangle-NHCO \}_n$$

　また，血液透析膜は腎臓の機能の一部を代行する人工臓器として広く普及した医用材料である．セルロース膜は代表的な透析膜の素材であるが，この膜では分離できない代謝物質が体内に蓄積されることが明らかになってきた．そこで，合成高分子から作製した多孔質膜を用い，新しい透析膜を開発する研究が進められている．その中で，セルロース膜が持つ欠点を補う多孔質膜としてエンジニアリングプラスチックであるポリスルホンが注目されている．しかしポリスルホンを血液透析膜として用いる場合，どのようにしてポリスルホンを多孔質化するかが大きな問題となった．そこで，ポリスルホンとポリビニルピロリドンのブレンド膜を利用することにより多孔質膜を開発する研究が進められている．これは，このブレンド膜から製膜後にポリビニルピロリドンのみを溶出させることにより多孔化を行う方法である．ブレンド膜を用いたこのような手法は高分子の多孔質膜を作製する1つの方法論として確立されている．

4 電子・磁性・光材料

　インターネットを利用すればコンピュータ上で世界中の情報を集めることが可能となり，また，携帯電話の普及によりどこからでも話したい相手と通話ができるなど，エレクトロニクスの進歩は目覚しいものがある．これは，電子材料が進展することにより成し得た成果であるが，その材料の中で高分子材料が果たした役割は極めて大きい．現在では，絶縁体材料，誘電体材料，微細加工用高分子，光ファイバーなど多くの分野で高分子は利用されるようになった．

　しかしこれまで，多くの場合高分子は電気を流さないことを主たる特徴として用いられてきた（表4.1）．そこで，本章では電子やイオンを流す導電性や強磁性を持つ高分子材料はどのようにすれば設計できるのかを考え，その発展性について言及する．さらに，時代は電子を基盤とするエレクトロニクスから，光を基盤とするフォトニクスに移行しようとしている，光の分野での高分子の役割と可能性についても触れることにする．

● 4.1　導電性材料 ●

　物質に電流が流れることを**導電性**という．白川英樹博士が電気を通さないと考えられていた高分子に初めて高い導電性を持たせることに成功し，その業績に対しノーベル化学賞を受賞したことは記憶に新しい．しかし，図4.1に示したように，多くの場合高分子は絶縁体に属するのである．図からわかるように，ポリエチレンなどは優れた絶縁体である．それでは，どのようにして白川博士は高分子に電流を流すことを可能にしたのであろうか．結論からいうと，共役二重結合を持つ高分子でπ電子が分子鎖に沿って重なることができれば電子が移動することができるようになる．このような高分子を**導電性高分子**と呼ぶ．

　導電性高分子として当初盛んに研究されたのはポリアセチレンである．これは白川博士により，ポリアセチレンに電子受容体をドープすることで導電率が飛躍的に向上することが明らかとなったからである．ポリアセチレン自身の導電率は 10^{-3} S cm^{-1} であり半導体の領域にあるが，ドーピングを行うことにより，10^3 S cm^{-1} まで導電率が向上することが見出された．その後，新しい導電性高分子を開発するため π 共役系高分子が多数合成されるようになる．図4.2からわかるように，導電性高分子の構造は π 共役系が発達しやすい平面構造を有する芳香族高分子が多く，いずれもドーピングにより高い導電性が示されている．

表 4.1 高分子の導電率

高分子	導電率 (S cm^{-1})	高分子	導電率 (S cm^{-1})
ポリエチレン	10^{-16}	ポリテトラフルオロエチレン	$<10^{-16}$
ポリプロピレン	10^{-16}		
ポリスチレン	10^{-15}	ポリビニルアルコール	$<10^{-16}$
ポリメタクリル酸メチル	6×10^{-15}	ナイロン 6	1.6×10^{-13}
ポリメタクリル酸ブチル	10^{-15}	ナイロン 66	2×10^{-12}
ポリ酢酸ビニル	6×10^{-15}	ポリエチレンテレフタレート	1.4×10^{-15}
ポリアクリロニトリル	3×10^{-14}		
ポリオキシメチレン	10^{-13}	ポリカーボネート	6×10^{-16}
ポリ塩化ビニル	3×10^{-15}	三酢酸セルロース	10^{-14}
ポリフッ化ビニリデン	5×10^{-13}	フェノール樹脂	10^{-11}
ポリモノクロロトリフルオロエチレン	3×10^{-13}	ポリウレタン	1.3×10^{-13}

図 4.1 代表的高分子の室温での導電率　　図 4.2 代表的な導電性高分子の構造

4.1.1　π共役系高分子

一般に，π共役系高分子においては共役が長くなるとイオン化ポテンシャルは減少し，電子親和力は増加することが知られている．共役系が無限な広がりを示すようになると，理論的には金属と同じように導電性を示すことが可能となる．ポリアセチレンでπ共役系がn個がつながっているとしてπ電子のエネルギー準位を計算すると，最高の被占準位エネルギーと最低の空準位エネルギーの差は

$$E_g = 4\beta \sin\left[\frac{\pi}{2(2n+1)}\right]$$

のように表される．ここで，βは隣り合うπ電子間の共役積分であり，nは2重結合数である．式から，nが大きくなるとE_gは0に近づき，金属的な導電性が得られると期待できる．しかし，実際のポリアセチレンは半導体にすぎず，図4.3（a）のような非局在型のπ電子状態を形成していないことがわかる．つまり，（b）で示されるように1重結合と2重結合が交互に現れる結合交替が存在しているため半導体程度の導電性しか示さなかった．

しかし，π電子系が完全に共役していなくてもイオン化ポテンシャルが低く，電子親和力が大きければ，電子供与体や電子受容体をドープすることにより，電子を送ったり除いたりすることができ，高い導電性を実現することが可能となる（表4.2）．残念ながら，ドーパントの安定性は必ずしも十分とは言えなが，高分子を用いた導電性材料は理論的には$E_g = 0$の金属的導電性から$E_g = 3.5$ eVの半導体，あるいは絶縁体まで分子構造のデザインにより多様な性質をもつ材料が設計できる．

4.1.2　導電性高分子の応用

導電性高分子，すなわちπ共役系高分子の応用としてはエレクトロルミネッセンス（EL）素子が実用化に向けて着実な進歩を見せている．有機薄膜を用いたキャリア注入型の EL 素子に関する研究は低分子化合物を中心に展開されてきたが，高分子材料は低分子材料に比べ耐熱性や成膜性などの点で優れているため，近年特に目覚ましい発展をとげている．高分子 EL 素子の構造は基本的には発光層である導電性高分子を電極で挟んだサンドイッチ構造で，陽極と陰極のそれぞれから正孔，電子が発光層に注入され励起子が生じ，励起子から発

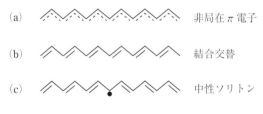

(a) 非局在π電子

(b) 結合交替

(c) 中性ソリトン

(d) 荷電ソリトン

図4.3 ポリアセチレンの電子状態とソリトン

表4.2 代表的な導電性高分子

共役系高分子		ドーパント	導電性 $(S \cdot cm^{-1})$
ポリアセチレン	トランス	I_2	$3 \sim 5 \times 10^2$
	シス	I_2	$4 \sim 8 \times 10^2$
	延伸フィルム	$FeCl_3$	2.8×10^4
ポリ(p–フェニレン)		AsF_5	5.0×10^2
ポリピロール		ClO_4^-	$1 \sim 3 \times 10^2$
	延伸フィルム	ClO_4^-	1.0×10^3
ポリチオフェン		ClO_4^-	2.0×10^2
ポリ(3–メチルチオフェン)		ClO_4^-	1.2×10^2
ポリイソチアナフテン		I_2	50
ポリ(p–フェニレンスルフィド)		AsF_5	2.0×10^2
ポリ(p–フェニレンオキシド)		AsF_5	1.0×10^2
ポリアニリン		HCl	5
ポリ(p–フェニレンビニレン)		H_2SO_4	5.2×10^3
ポリ(チオフェンビニレン)		I_2	2.0×10^2

光という過程を経る素子である．ポリ（p-フェニレンビニレン）による黄緑色の発光素子に端をなし，赤色の発光素子であるポリ（3-アルキルチオフェン），青色のポリ（9,9-ジアルキルフルオレン）などπ共役系高分子の発光素子に関する研究が積極的に進められている（図4.4）．置換基の構造やπ共役主鎖の長さを制御することにより低分子材料と同様な高輝度が実現され，無機材料をも凌ぐ高輝度の素子も得られるようになっている．ELの発光色を決定する因子は励起子のエネルギーで，これは導電性高分子のE_gに相当するものである．導電性高分子では分子設計を行うことにより，そのE_gを$0 \sim 3.5\,\mathrm{eV}$まで任意に制御することが可能である．つまり，分子構造の設計が発光の設計に繋がる可能性を示している．

白川博士により発見・開発された導電性高分子は，金属よりはるかに軽く加工性にも優れているため，現在では**ポリマー電池**や携帯電話の表示素子，太陽光を遮断するガラスなど多方面で応用されるようになった．

●4.2　イオン伝導性材料●

導電性材料の中には，金属のように電子を電荷担体とする電子伝導体いわゆる導電性高分子に対し，イオンを電荷担体とする**イオン伝導体**がある．

電池の中の電解質は代表的なイオン伝導体であり，イオン伝導体は通常液体で用いられている．

イオン伝導性が電解質溶液で高い導電性を示すのは電解質が溶媒中で解離してキャリアイオンとなり，高い自由度で溶媒中を迅速に拡散するためである．従って，結晶固体やガラスでは一般的にイオンの自由度が著しく低下するためイオン伝導性は低い．しかし，非結晶高分子をT_g以上で用いると高分子の主鎖の運動性が高められるため高分子中でイオンの移動が可能となる．このように，高分子中で解離生成したキャリアイオンを高分子の運動により移動できる材料を**イオン伝導性高分子**と呼んでいる（図4.5）．このイオン伝導性高分子は液体でなく固体膜の形で得られるため，**固体電解質**として用いられることになる．

一般に，固体中のイオン伝導度は

$$\sigma = \sum_i n_i q_i e \mu$$

で表される．nはキャリアイオン数，qはイオン荷数，μはキャリアの移動度で

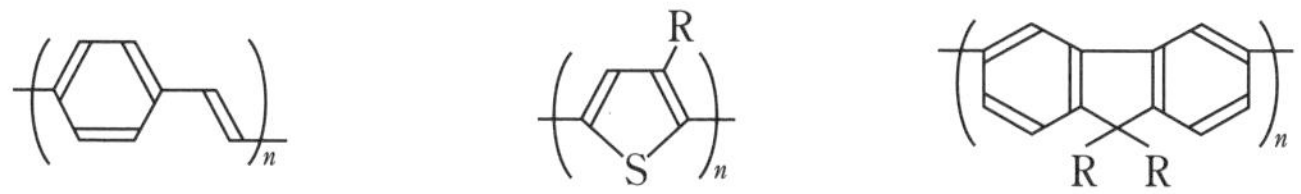

ポリ(p-フェニレン
ビニレン)　　　ポリ(3-アルキル
チオフェン)　　　ポリ(9,9-ジアルキル
フルオレン)

図4.4　発光素子に用いられる導電性高分子

(1) ポリエーテル

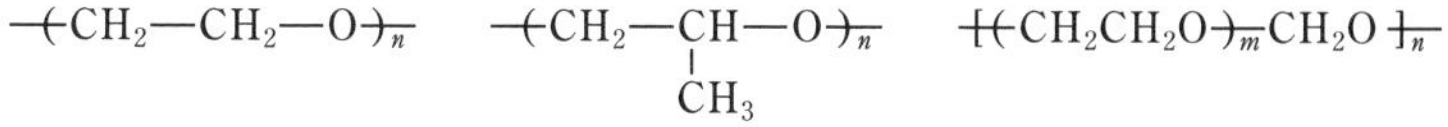

$+CH_2—CH_2—O\xrightarrow{}_n$ 　　$+CH_2—CH—O\xrightarrow{}_n$ 　　$+CH_2CH_2O\xrightarrow{}_m CH_2O\xrightarrow{}_n$
$\qquad\qquad\qquad\qquad\quad CH_3$

(2) ポリエステル

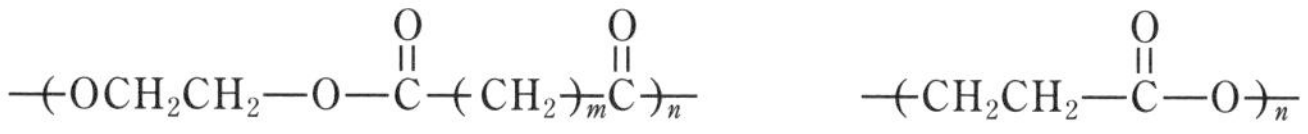

$+OCH_2CH_2—O—\overset{\displaystyle O}{\overset{\|}{C}}+CH_2\xrightarrow{}_m\overset{\displaystyle O}{\overset{\|}{C}}\xrightarrow{}_n$ 　　$+CH_2CH_2—\overset{\displaystyle O}{\overset{\|}{C}}—O\xrightarrow{}_n$

(3) ポリイミン

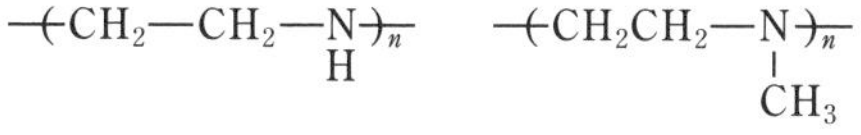

$+CH_2—CH_2—N\xrightarrow{}_n$ 　　$+CH_2CH_2—N\xrightarrow{}_n$
$\qquad\qquad\quad H \qquad\qquad\qquad\qquad\quad CH_3$

(4) ポリエーテル誘導体

$\overset{\displaystyle CH_3}{\underset{\displaystyle CH_3}{+Si—O}}+CH_2CH_2O\xrightarrow{}_m\xrightarrow{}_n$ 　　$\overset{\displaystyle CH_3}{+SiO—O\xrightarrow{}_n}$
$\qquad\qquad\qquad\qquad\qquad\qquad\qquad CH_2$
$\qquad\qquad\qquad\qquad\qquad\qquad\qquad CH_2$
$\qquad\qquad\qquad\qquad\qquad\qquad\qquad CH_2O+CH_2CH_2O\xrightarrow{}_m CH_3$

$\overset{\displaystyle CH_3}{+C—CH_2\xrightarrow{}_n}$
$\quad C=O$
$\quad O+CH_2CH_2O\xrightarrow{}_m CH_3$

$\qquad O+CH_2CH_2O\xrightarrow{}_m CH_3$ 　　$\overset{\displaystyle CH_3}{+CCH_2\xrightarrow{}_n}$
$+P=N\xrightarrow{}_n$ 　　　　　$\quad C=O$
$\qquad O+CH_2CH_2O\xrightarrow{}_m CH_3$ 　　$\quad OCH_2CH_2O—\overset{\displaystyle O}{\overset{\|}{P}}—O+CH_2CH_2O\xrightarrow{}_m CH_3$
$\qquad\qquad\qquad\qquad\qquad\qquad\qquad\qquad\qquad O+CH_2CH_2O\xrightarrow{}_m CH_3$

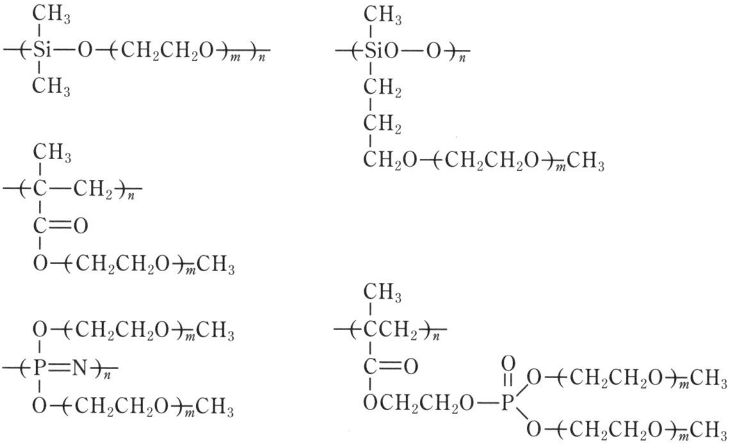

図4.5　代表的なイオン伝導性高分子

ある．iはi番目のイオンを意味している．この式からわかるように，σを大きくするには，特にnとμを大きくする必要がある．μを大きくするには，イオンを高分子中でいかに移動しやすくさせるかが問題である．一般に，T_gの低い高分子は高分子鎖の運動性が高いためイオンの移動を容易にすることが知られている．

　これまでによく研究されているのはポリエチレンオキシドと LiClO$_4$, NaSCN 等のアルカリ金属とのイオン伝導性である．ポリエチレンオキシド中の酸素は金属イオンと相互作用をして溶媒和を形成するためイオンをよく溶かすことができる．また，ポリエチレンオキシドのT_gは-60℃以下と低いため，高分子鎖の運動性も高く解離したイオンは高分子中を容易に移動することが可能である．ポリエチレンオキシドのような運動性の高い分子構造を主鎖や側鎖に導入した高分子が合成され，高いイオン伝導性が実現されている．

　また，分子中のイオン伝導度の温度に対する依存性は一般に WLF（Williams-Landel-Ferry）式，あるいは VTF（Vogel-Tumman-Fulcher）式に従うことが知られている．

WLF 式　　$\log\left[\dfrac{\sigma(T)}{\sigma(T_g)}\right] = \dfrac{C_1(T-T_g)}{C_2+(T-T_g)}$

VTF 式　　$\sigma(T) = AT^{-\frac{1}{2}}\exp\left(\dfrac{-B}{T-T_0}\right)$

ここでC_1, C_2, A, B は定数である．

● 全固体リチウム二次電池 ● ●

　リチウムイオン二次電池は，高エネルギー密度，高電圧などを有する特徴から，従来の携帯電話，ノート型 PC，電気自動車だけでなく，ウェアラブル電源，再生エネルギー用蓄電池など，我々の生活における必需品から産業用用途まで幅広く利用されている．しかし，既に多く報告されているようにリチウムイオン二次電池の電解質材料には可燃性有機電解液が広く用いられているため，液漏れによる発火や爆発事故が起こるなど，安全性への懸念が指摘されている．その解決案として，電解質液体の固体化，すなわち有機電解液に代わる固体高分子電解質の開発が望まれている．すべての電池部材を固体材料のみで形成した全固体リチウム二次電池は，液体を含まないため安全性の著しい向上に加え強固なパッキング加工が不要となり軽量化を実現できる．また，電池のスタック（重ね合わせ）による高電圧化,高寿命化の実現が期待されている（図4.6）．さ

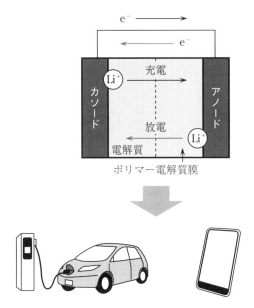

図4.6　全固体リチウム二次電池の構成

らに，車載用途，定置型用途ではこれまで以上の性能向上が期待されているが，一方でその使用年数がより長くなるため安全性の確保が今以上に重要となる．大型化された電池では電解質量が増大し放熱性が悪くなることなどを考えると，安全性に優れた全固体リチウム二次電池の開発がさらに強く望まれている．

　一方，現状の可燃性有機電解液を用いたリチウム二次電池では，寒冷地では電解液が凍結し電池容量が著しく低下する等の問題があり，さらにリチウムイオンの還元反応により析出する金属リチウムデンドライトが，セパレーターを突き破って正極と短絡を起こし，その結果電池が必要以上に充電された状態となり電池が最終的には発火する危険性が知られている．全固体リチウム二次電池には，これら現状の課題を解決することが期待されている．

全固体リチウム二次電池で要求される電解質材料特性を示す.

(1) 広い温度範囲での高いリチウムイオン伝導性（室温付近での 10^{-3} S/cm 程度）

(2) 高いリチウムイオン輸率（輸率は 1 が望ましい）

(3) 電気的安定性（耐酸化性，耐還元性に優れ，広い電位窓（5 V 以上）を持つこと）

(4) 化学的安定性（熱的安定性，活物質その他の物質と反応しないこと）

(5) 電解質-電極間の低抵抗化

(6) 薄膜化による低抵抗化

(7) 低コスト

これまでの電解質には電池の入出力特性，エネルギー密度，寿命などの性能向上が強く求められてきた．しかし，今後のリチウムイオン二次電池には高出力が要求され，安全性の重要性も高まる．そのため，電解質には今以上に高いリチウムイオン伝導性が要求される．固体高分子電解質を用いる場合，安全性の確保は比較的容易であるが，有機電解質よりも低いイオン伝導性であるため電解質を薄膜化して伝導性を高める製膜技術も必要となる．しかし膜を薄くすると膜強度が不十分となり正極と負極の短絡に繋がる．つまり，強靭な高分子膜構造を有する電解質材料の開発も同時に実現する必要がある.

　現状，塩から解離したリチウムイオンがマトリックス高分子の PEO などのエーテル酸素と複数で強く配位結合を形成することでイオン輸送を可能にしている．一方でその配位結合が強すぎる，あるいは室温で高分子が結晶構造を形成するなどの理由から，迅速にイオンが高分子内を移動することができないといった課題がある．そのため，塩と高分子マトリックスとの結合緩和やマトリックスの結晶化抑制がリチウムイオン輸送には有効であると考えられ，検討が進められている．また，高分子に導入するリチウム塩濃度によりそのイオンの移動挙動は異なる（図 4.7）．リチウム塩が低濃度の場合は，上述した配位結合を介したリチウム移動が起こるが，高濃度の場合は乖離したアニオンがクラスターを形成しそれを介したリチウム移動が起こると考えられている（図 4.8, p.92）．塩濃度も考慮して高分子電解質の開発は進められている．

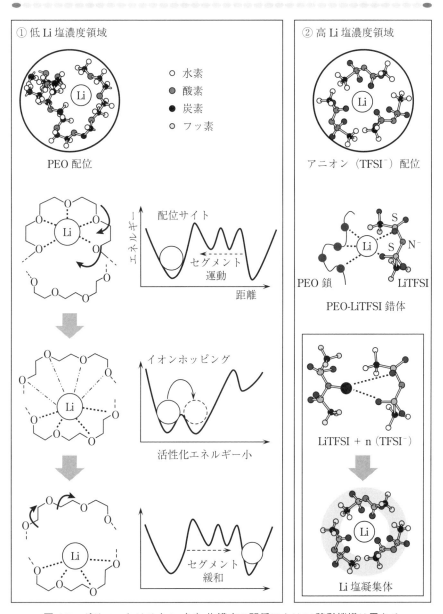

図 4.7　ポリマーとリチウム（Li）塩濃度の関係により Li 移動機構は異なる

高分子電解質材料の構造最適化

<u>ブロック構造</u>

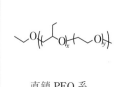

直鎖 PEO 系
（結晶化抑制）

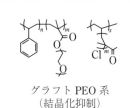

グラフト PEO 系
（結晶化抑制）

アニオントラップ系
（輸送効率向上）

O=S=O　　　O=S=O
N⁻Li⁺　　　N⁻Li⁺
O=S=O　　　O=S=O
CF₃　　　　CF₃

シングルイオン伝導系
（高 Li イオン輸送効率）

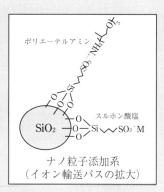

ナノ粒子添加系
（イオン輸送パスの拡大）

カーボネート系
（Li⁺相互作用力の調整）

図 4.8　高い Li イオンの移動が期待されるポリマー

水素エネルギーは循環社会への切り札となる

二酸化炭素（CO_2）を排出しない脱炭素社会の実現に向けては，化石燃料とは異なり燃焼しても CO_2 を出さない水素が期待されている．そのためには，再生エネルギー由来の電気を使って水素を製造（水素を作る）し，その水素を安全に輸送（水素を運ぶ）するシステムを構築し，さらに運ばれた先で水素を電気に変換する（水素の利用）といった水素社会の実現か強く望まれている．水素製造と水素利用は，いずれも固体高分子電解質膜が中心となる．水から水素と酸素を作るか，水素と酸素から水を作るかの違いであるため，例えば優れた燃料電池が開発できれば，それは水素製造（水電解装置）に展開することもできる．

水素市場をリードする狙いから，世界中で水素エネルギーに関する開発が盛んである．特に米国, EU, 中国，インド，オーストラリアなどは水素の生産や消費，輸出入を一か所で行う水素ハブ計画を発表している．2050 までに年間 360 兆円規模にまで水素市場は拡大すると考えられているため，この分野での研究開発の競争は年々激しさを増している．日本も世界に先駆けて 2017 年に水素基本戦略を策定し水素の価値を世界に訴えてきたが，水素市場を勝ち抜くには国を挙げた不断の取り組みが必要となる．

● 燃料電池 ● ●

　また，地球環境や排ガス規制の影響から電気自動車の研究が活発に行われている．さまざまな研究が進められている中で，電気自動車の電源として最も期待されているのが**燃料電池**である．燃料電池とは，水の電気分解の逆の化学反応を利用する発電システムで，天然ガスなどから取り出した水素と空気中からほぼ無尽蔵に取り出せる酸素を反応させ，電気を作り出すシステムである（図4.9）．排出物は水だけであるため，ガソリン自動車に比べ大変クリーンなエネルギーシステムであることがわかる．また，通常の火力発電は化石燃料を燃やし発生した熱で水蒸気を作り，それでタービンを回して電気を取り出している．何段階もの過程を経て電気を作り出すためエネルギーロスは極めて大きい（発電効率は約40%）．もし，家庭用の小型燃料電池が開発されると，水素と酸素反応で発生する熱（約60℃）を給湯や床暖房にも使用する熱電併給（コージェネレーション）システムとして利用できるようになるためエネルギー効率は約80%にも達すると考えられている．また，表4.3からわかるように，燃料としては水素，天然ガス，メタノールなど幅広い燃料の利用が可能である．

● 高分子電解質型燃料電池 ● ●

　燃料電池はこれまで宇宙船や潜水艦などの特殊な場所や，工場やホテルなど定置型の大型発電として利用されてきた．しかし，電解質として水素を移動できる固体高分子電解質を用いることにより，小型の燃料電池や自動車用燃料電池の開発が可能となっている．現在では，電解質としてイオン伝導性高分子が注目を浴びており，**高分子電解質型燃料電池**（Polymer Electrolyte Fuel Cell: PEFC）は燃料電池自動車用電源として，また家庭用小型燃料電池として最も期待されている高分子である．

　PEFC に要求される材料特性をまとめると次のようになる．

- （1）高いプロトン導電性
- （2）化学的・電気的安定性
- （3）高い水移動性
- （4）ガス遮断性
- （5）優れた機械的強度
- （6）耐熱性

　現在は，Nafion などのフッ素系樹脂である**プロトン伝導性高分子**を固体電解質として用いたものが多く検討されている（図4.10の上図，p.97）．燃料電池のメカニズムは，先ずプロトン伝導性高分子膜の両側のアノード側に水素が，カソード側に酸素あるいは空気が供給される．アノード側で水素が酸化されプロ

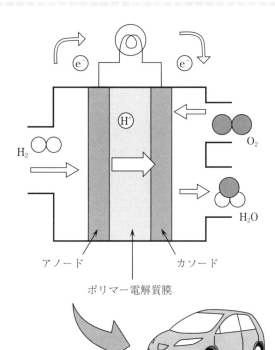

アノード カソード

ポリマー電解質膜

図4.9 燃料電池の構成

表4.3 燃料電池で使える燃料

水素,天然ガス,メタノール,石油系燃料,
石炭ガス,メタンなどのバイオマス系燃料

トンと酸素を生成し，そのプロトンは水分子を伴い膜中を移動し，カソード側で外部から供給された電子とともに酸素の還元に使われることになる．このとき，水が生成する．

　フッ素系樹脂が PEFC 材料として用いられている最大の理由は化学的耐久性，機械的強度に優れているためである．さらに，この高分子は側鎖のイオン交換基（SO₃H 基）が比較的自由に動けるため含水状態で親水性の交換基と対イオンおよび水分子が疎水性フッ素基中で会合しイオンチャネルを形成，ここに取り込まれた水分子と SO₃H 基の間に H⁺ のホッピングが起こり，高いイオン伝導性が得られることも大きな理由である（図 4.10 の下図）．このような構造を**クラスターネットワーク構造**と呼んでおり，一般に，フッ素系樹脂膜で見られるこの特異な高分子構造が高いイオン伝導性を与える要因であると考えられている．しかし，膜内の水の影響も大きく，含水率が低下すると著しくイオン伝導性が低下することが知られている．従って，フッ素系樹脂を用いた場合には，その使用温度の上限は 80℃ 程度と考えられている．さらに，フッ素系樹脂膜はその製造工程の複雑さからコストの飛躍的な低減が困難とされているため，新しい膜の開発が精力的に進められている．

　以下に示した高分子は，基本的な考え方は Nafion 等と同じように SO₃H 基の効果を利用したものである．しかし，スルホン化されたこの膜も Nafion 等と同じように高温化ではプロトン伝導性が低下するため作動条件に制限があり，また耐久性の向上は認められていない．燃料電池に用いられる新しい膜の開発は急務であり，現在ではプロトン伝導性を付与した炭化水素系高分子膜，有機-無機ハイブリッド膜などが検討されている．

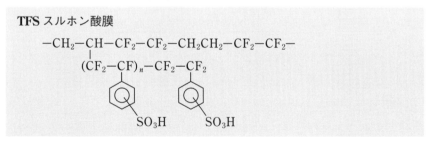

TFS スルホン酸膜

● 水素社会で活躍する次世代型燃料電池 ● ●

脱炭素の観点から，自動車を含めたあらゆる移動体での電動化が進められて

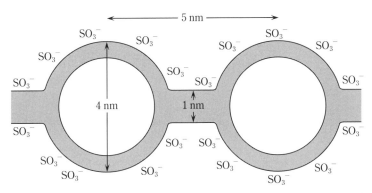

$$\text{\Large +(CF}_2\text{---CF}_2)_x\text{(CF}_2\text{---CF)}_y\text{+}$$

Nafion : $m \geqq 1$, $n=2$, $x=5-13.5$, $y \approx 1{,}000$
Flemion : $m=0{,}1$, $n=1-5$

図 4.10　フッ素系イオン交換膜の化学構造とそのクラスターネットワークモデル

いる．日本の運輸部門が排出する CO_2 排出量の 50％以上は大型トラック，船舶，鉄道，および農機・フォークリフト・建機などの産業用車両をはじめとする HDV（Heavy Duty Vehicle）の移動体である（世界の移動体から放出される CO_2 排出量も同様の傾向である）．これらの移動体は通常のバッテリからの電力供給では稼働に十分なエネルギー供給が困難なことから，世界各国では**燃料電池車（FCV）を大型・商用モビリティ（HDV）へ利用する計画が進められている**．日本の HDV 用燃料電池ロードマップでは電解質膜には 30％RH ～ 100％RH の湿度範囲，$-30℃$ ～ 120℃ の温度範囲で高いプロトン伝導性を実現し，加えて 50,000 時間以上の膜耐久性も求められている（**表 4.4**）．従って，次世代の FCV 用の高分子電解質膜には，幅広い温度と湿度をカバーしてプロトンを輸送することができ，かつ極めて高い膜耐久性を実現する材料が求められている．

　これまでの**燃料電池用電解質膜**の開発では，100℃ 以下の加湿条件下ではスルホン化高分子，100℃ 以上の低加湿条件下ではリン酸ドープ型高分子あるいはホスホン化高分子がそれぞれ検討されてきた．しかし，2030 年以降の燃料電池用電解質膜が高温低湿度下でも利用されるようになると，この条件に重点を置いた高分子電解質膜材料の開発が不可欠となる．最新のリン酸ドープ型高分子膜も 80℃，80％RH 条件においても 0.05（S/cm）を超える比較的高いプロトン伝導性を示すようになった（**図 4.11**）が，依然としてドープ酸の保持時間は十分ではないため，膜耐久性の克服には至っていない．一方で，FCV の実使用はほとんどが 80℃，80％ RH 条件近傍であることを考えると，高湿度条件下での出力も担保しつつ，低湿度下で要求性能を満たす高分子電解質膜の開発が不可欠となる．次世代型燃料電池用電解質膜に求められている特性は

(1) プロトン伝導性は表 4.4 の通り

(2) 高温対策技術（120℃ 以上）
　　クロスオーバー抑制（ガス遮断性），高温劣化抑制技術など

(3) 膜内で発生するラジカル耐性

(4) 機械的要因による劣化抑制

である．現状のフッ素系高分子電解質膜では高温対応が難しいため，これらの要求性能を満たすことは困難と考えられている．また，フッ素系材料は今後 PHAS 規制の対象になる可能性もあり，新しい非フッ素系高分子電解質材料の開発が強く望まれている．

表4.4 燃料電池ロードマップ
（出典：国立研究開発法人 新エネルギー・産業技術総合開発機構）

年	項目		目標値	実測値
			物性値	NR211
2030	膜厚（μm）		8	25
	H^+伝導率 （S/cm）	120℃，30％RH	0.032	0.016
		100℃，40％RH	0.041	0.024
		80℃，80％RH	0.12	0.086

年	項目		2040年目標値	NR211
2040	膜厚（μm）		1	25
	H^+伝導率 （S/cm）	120℃	0.15 （12％RH）	0.016 （30％RH）

NR211：市販のフッ素系高分子

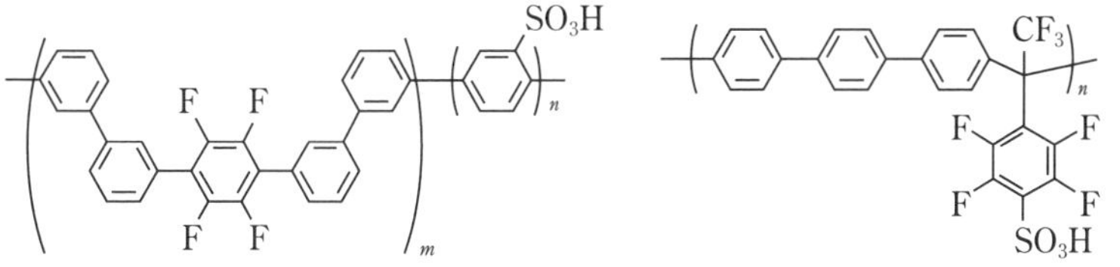

スルホン酸系高分子

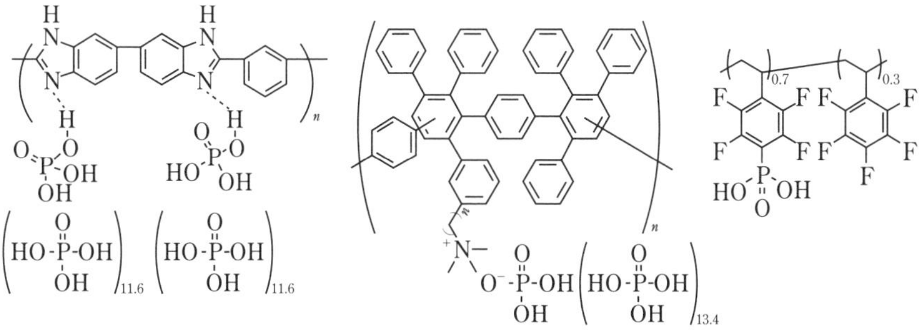

ホスホン酸系高分子

図4.11 高いプロトン輸送が期待される高分子電解質材料

●**4.3　磁性材料**●

4.3.1　無機磁性体

　無機の**磁性体**は，自発的に電子スピンが同じ方向に向くことにより磁性が発現する（図 4.12）．つまり，もし物質に磁性を持たせようとするならば，電子スピンの発生とその軌道運動に伴う磁気モーメントの向きを揃える必要がある．図 4.12 からわかるように，もし各磁気モーメントがすべて同じ方向に並べば，総和として大変大きな磁気モーメントが得られることになる．このような配列のことを**スピン配列**と言い，その物質は強磁性を示す．磁化率と温度の間にはキュリー則の関係が成り立つことが知られており，電子スピンが同じ向きや反対方向に配列しようとするとキュリー則からずれ，キュリー–ワイス則に従うようになる（図 4.13）．図 4.12 に示したように，電子スピンが同じ方向に向けば強磁性体となり，互いに逆方向に向くようになると反強磁性体となる．θ（K）をワイス定数と呼び，スピン磁化率（χ_s）との間には

$$\chi_s = C / (T - \theta)$$

の関係が成り立つ．θ の符号からスピンの向きを判定でき，$\theta > 0$ のときには強磁性体となり，$\theta < 0$ のときには反磁性体となる．一般に温度を下げると熱運動が大きくなるためスピンの配列が起こり，磁化率の急激な変化が観測される．強磁性の臨界温度をキュリー温度（T_C）と呼び，反強磁性体ではネール温度（T_N）と呼んでいる．フェリ磁性では電子スピン間に反磁性的な相互作用が働くが，隣接するスピンの磁気モーメントの大きさが異なるためスピンは完全には相殺させず，結果として配列した磁気モーメントが残り強磁性体的な磁性特性を示す．

4.3.2　有機磁性体

　一般に，有機物は電子スピンを持たないが，**有機ラジカル**は不対電子を持ち，電子スピンを有する．低分子ラジカルの結晶で強磁性体が得られることは古くから知られているが，これら強磁性有機モノラジカルの結晶で見られるスピン相互作用は弱いため，ヘリウム沸点以下の極低温でのみその発現が確認されている．

　一方，スピン間に強い相互作用を持たせることが期待される高分子では，電子スピンを平行にそろえることにより強磁性体を設計する試みがなされている．スピン配列の度合いはスピン量子数（S）を用い比較されている．

　例えば，図 4.14 に見られるようにラジカル部を主鎖に持つ高分子が多数合成

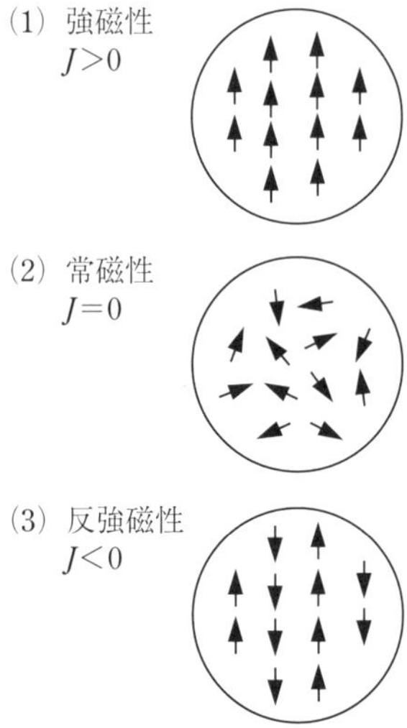

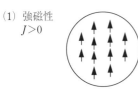

(1) 強磁性
$J > 0$

(2) 常磁性
$J = 0$

(3) 反強磁性
$J < 0$

図 4.12 スピン配列と磁性の関係

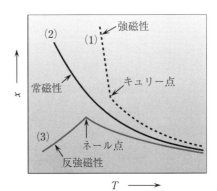

(1)：強磁性体，(2)：常磁性体，(3)：反強磁性体

図 4.13 磁化率 x と温度 T との関係

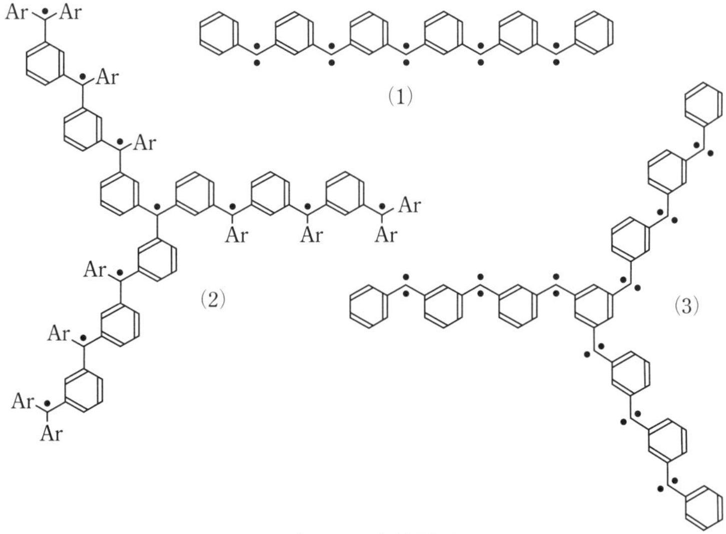

図 4.14 高スピン主鎖型ポリマー

され，S 値は高いもので 18/2（図 4.14（3））を示している．しかし，主鎖中に
ラジカルを導入した高分子ではラジカルの欠陥が発生し，それが高分子の共役
系の切断に繋がるため重合度を高めても，必ずしもスピン数が増加する傾向に
はならなかった．

　また，導電性高分子で示したような π 共役系高分子の側鎖に有機ラジカル基
を結合させ，高分子鎖をスピン間の相互作用として利用する検討も盛んに行わ
れている．π 共役系高分子としては，ポリフェニレンビニレン，ポリアセチレ
ン，ポリジアセチレンなどの主鎖に，フェノキシラジカル，*t*-ブチルニトロキ
シドなどのラジカルをペンダント状に結合させた高分子の合成が進められてい
る．これら高分子の特徴は，スピン間の相互作用が長距離でも作動し，主鎖に
ラジカル部を導入した高分子に比べスピン間の欠陥があまり問題とならないこ
とである．しかし，側鎖に比較的大きな有機ラジカルを導入するため，置換基
の立体的な制御がスピン配列に影響を与える．フェニレンビニレンにフェノキ
シラジカルを配したスターポリマーで高い S 値が報告されている（図 4.15）．

　また，図 4.16 に示した環状のカリックスアレンを基本骨格とした高分子を設
計することによりスピン欠陥に強く，**ポリラジカル**の形成を実現している．得
られている S 値は $S \geqq 40$ を示し，有機ラジカルでの長距離におよぶスピン配
列が可能になるところまで研究は進んできた．

● **4.4　光機能材料**●

　情報産業をはじめとする多くの産業技術は電子を基盤とする**エレクトロニク
ス材料**に支えられ発展してきた．しかし，21 世紀は光を用いた**フォトニクス材
料**が産業の基盤となり技術を発展させると考えられている．

　よく知られた光機能材料に**フォトレジスト**がある．フォトレジストは半導体
集積回路を作製する上で必要不可欠な技術として既に確立されたものである
（図 4.17）．レジストとは光や電子線，X 線により溶媒への溶解性を変化する性
質を持つ材料のことを言い，光により変化する材料がフォトレジストである．
光により溶け易くなるものを**ポジ型**と言い，逆に溶け難くなるものを**ネガ型**と
言う．さらに，現像，エッチングを行い，最後にフォトレジスト膜を除去し，
リソグラフィー加工工程は終了する．

　また，映像，音声，データなど多種多様な情報を大容量で輸送する材料とし

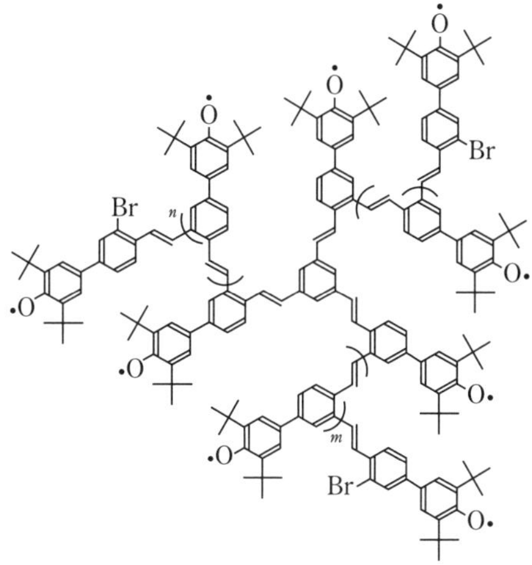

図 4.15　高スピンのスターポリマー 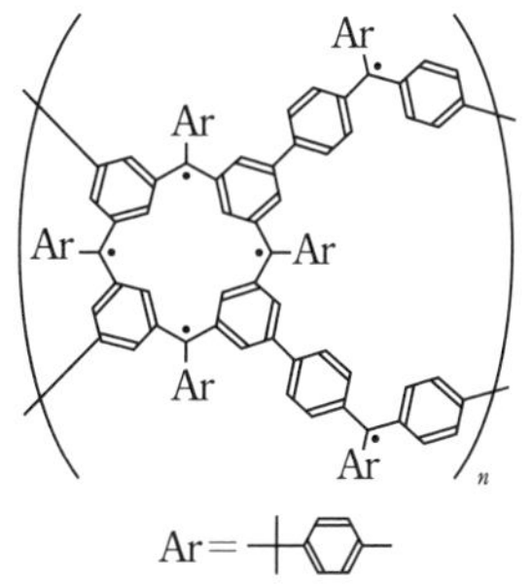　　　図 4.16　高スピンのはしご状ポリマー

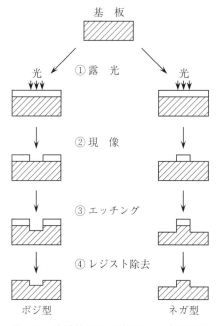

図 4.17　半導体のリソグラフィー加工工程

てプラスチック光ファイバー（POF）が注目されている．大容量が必要とされるマルチメディア通信では信号を高速で伝達させる材料が要求とされるが，POF はこの条件を満たし，さらに低価格化が可能で，電磁幅射雑音を発することもなく，またその影響も受けないなどの特徴を持っている．取り扱いも容易であるため POF の利用は拡大の一途を辿っている．今後解決すべき課題は，石英光ファイバーに比べ伝送損失が大きいことと，高分子であることによる耐熱性の問題であろう．POF に使用される高分子材料には，ポリメチルメタクリレート（PMMA），ポリスチレン，ポリカーボネート等であるが，PMMA は環境温度 80℃ 以上では伝送損失が著しく増加することが報告されており，今後はこれらの改善が必要となる．

　有機材料を記憶媒体とする**光メモリ**を用いた情報記録は，従来の磁気記録に比べ高密度化が可能であり，しかも多重記録も同時に実現できるため大きな期待が寄せられている．どのような有機材料がその対象になるのか，さまざまな研究がなされているが，基本的にはレーザー光により反応する有機分子が原理的には光メモリ材料に成り得る可能性をもっている．つまり，光により有機分子の構造が変化することを利用して光学的に記録を読み出すのである．図 4.18 に一例を示したが，ある状態 A が光を吸収することにより色の変化を伴いながら異性体構造をとる状態 B に変化する．そして，熱あるいは光の作用により元の状態である A に可逆的に再生する．このような分子のことを**フォトクロミック分子**と呼んでいて，書き換えが可能な**有機光メモリ**として検討されている．

　代表的なフォトクロミック分子にはアゾベンゼン，スピロベンゾピランなどがある．アゾベンゼン，スピロベンゾピランは早くからフォトクロミック分子として見出されていたが，光が当たらなくても徐々に元の構造に戻るため，このような熱安定性の低い分子を光メモリ材料として実用化するのは大変困難である．つまり，フォトクロミック材料には，繰り返し使用に耐え得る耐久性と熱安定性も必要である．

　フルギドは熱安定性に優れているため，異性体生成後も熱による戻りは認められないが，光照射による可逆的な構造変化は 100 回程度が限界であり，このままの構造でフォトクロミック材料に応用するには限界がある．一方，ジアリールエテンは熱安定に加え 1 万回程度の繰り返しに耐え得る耐久性も持つため光メモリ材料として実用化への可能性が示されている．

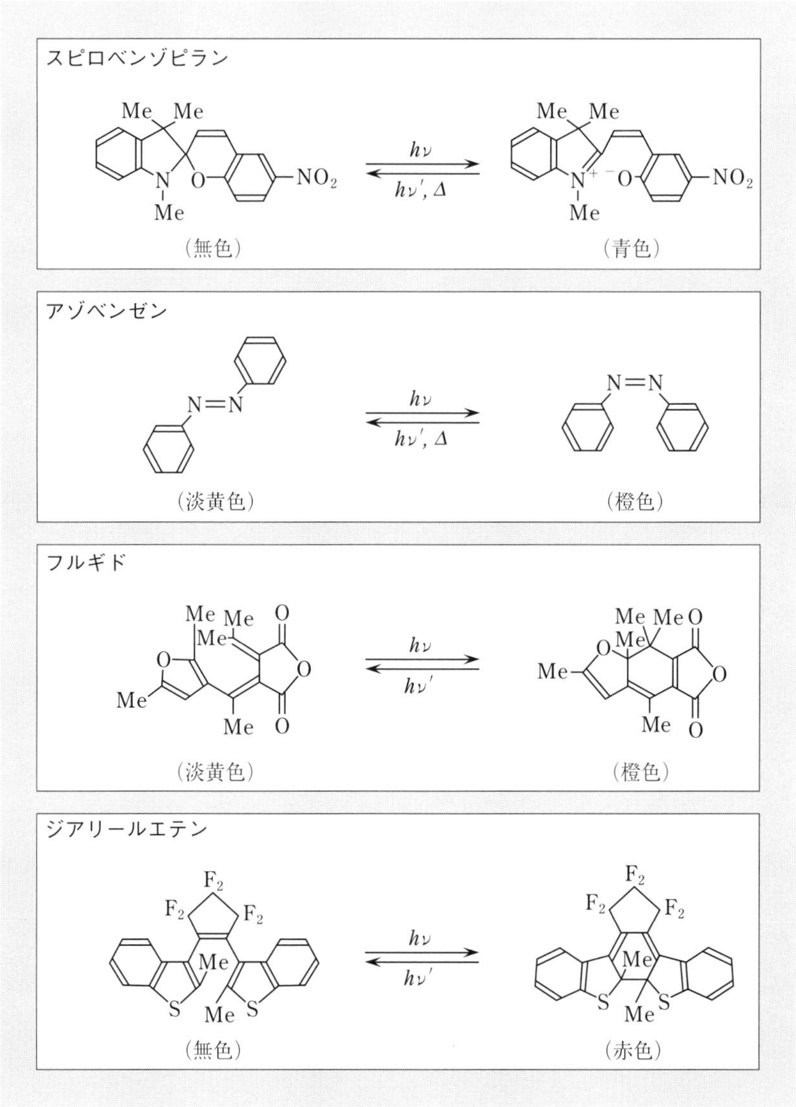

図 4.18 フォトクロミック分子

　フォトクロミック分子を用いた記録媒体を実用化させるには，高分子を用いてフィルム形成等を施しデバイス化する必要がある．フォトクロミック分子は高分子マトリックスの影響を受けるため，溶液中で見られるような迅速な状態変化を起こすことは難しくなる．実用化を考え，アゾベンゼン，スピロベンゾピラン，フルギドなどを高分子マトリックス中に分散あるいは固定化させる導入方法が広く用いられている．この場合，光による異性化反応は高分子の分子構造や分子運動に大きく依存し，特に T_g を境に反応速度は折れ曲がりを示す．つまり，フォトクロミック分子は高分子マトリックス中の局所的な自由体積の影響を受けるため，光メモリを用いた光記憶材料を実用化させるには高分子の合成から考えた材料設計が必要となる．

　多重記録化を行う上で波長など光に特有なフォトンモードを利用する試みもある．波長多重化と呼ばれる方法で，複数の波長の光を用いることにより高密度な光メモリを実現しようとするもので，**光化学ホールバーニング**（PHB）とも呼ばれている．PHB とは，固体中に分散させた有機色素に極低温（約 4 K）で色素分子の遷移エネルギーに共鳴したレーザー光を照射させることにより，その波長の光を吸収した分子だけに光化学反応が起こり吸収スペクトルにホールが形成される現象のことである（図 4.19）．

　PHB を示す分子としてポルフィリン類，フタロシアニン類などが知られているが，これら分子の運動性を抑制し規則性を高めるため芳香族高分子がマトリックスとして用いられている．高分子マトリックスを用いることによりホールの熱安定性が高まるなどの結果が報告されている．

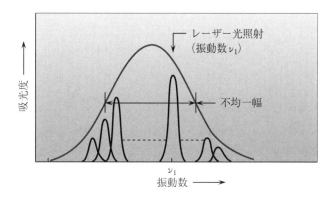

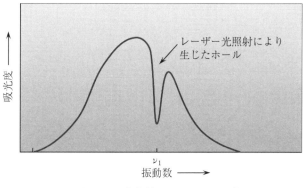

図 4.19 光化学ホールバーニング

5 分離・認識材料

100μm

中空糸膜

　混合物から特定の化合物だけを分けることを分離という．高分子膜あるいは
フィルム（両者の違いをはっきりと区別して説明はできないが）を用いて物質
を分離する分離技術は既に多くのものが実用化されている．高分子膜の逆浸透
膜は海水の淡水化に用いられているし，腎臓の機能が低下した人は高分子膜を
用い血液中の不要物質を分離して生命を維持している．また，高分子膜による
物質分離は操作が簡便で装置の小型化が可能であり，さらに連続的に分離を行
えるため環境負荷が少なく省エネルギー型の分離法として，近年は，特に環境
問題を解決する 1 つのキーテクノロジーとしても注目されている．

　図 5.1 に示すように，分離膜は気体からイオン，タンパク質，ウイルスなど
低分子から高分子まで殆どの物質が分離の対象となっている．当然分離対象や
利用目的により高分子の構造は異なり，分離材料の形態も違ったものとなる．
一般に分離は膜を介して行われるが，分離対象により多孔質膜か非多孔質膜が
用いられる．膜形態が異なると分離機構は全く違ったものとなる．

　ここでは先ず膜のはたらき（膜構造や分離機構）について述べた後，分離に
関する理論が最も進んでいる気体分離膜を取り上げ，順次溶液系での分離，固
体系での分離へと話を進めていく．また，分子・物質を認識する材料を分離系
に応用する試みも盛んである．分子認識膜は従来の分離膜に比べ格段に高い分
離性が達成できる可能性があるという特徴を持っている．ここでは分子認識材
料についても取り上げる．

● 5.1　膜のはたらき ●

　先ず膜に孔が存在するとき（**多孔質膜**），しないとき（**非多孔質膜**）の分離
の機構から考えよう．図 5.1 からわかるように，$10\,\text{Å}$ 以上の膜は孔径により透
析膜，イオン交換膜，限外濾過膜，精密濾過膜に分類される．逆浸透膜は水の
みを透過させ，イオン等の透過を阻害する分離膜であるため，その孔径は極め
て小さく数 Å から $0.01\,\mu\text{m}$（$100\,\text{Å}$）程度の孔が存在しているといわれている．
しかし，このように小さな孔はもはや物理的に存在しない．

● 多孔質膜 ● ●

　一般に多孔質膜が異なる空間を区切っているとき，物質が膜を透過するには
気体や溶液に一定の濃度勾配（圧力差）を与える必要がある．例えば気体の場
合は平均自由行程（λ）と孔半径（r）の間に相関があることが知られている（こ
こでは毛細管の状態を考える）．$r \ll \lambda$ のときは，気体は他の気体と衝突するよ

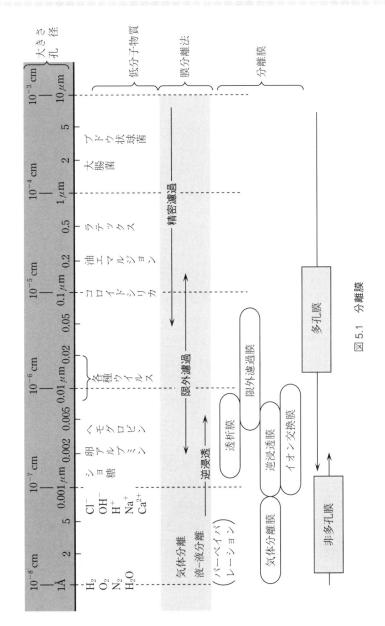

図 5.1 分離膜

り管壁との衝突が優先的に起こり，**クヌーセン流**に従う．気体の透過量は次式
で表され，

$$J = -Ck\,(dp/dx)$$
$$k \text{ vs } \varepsilon/q^2 M^{\frac{1}{2}} T^{\frac{1}{2}}$$

ここで，C は濃度，p は圧力，ε は空孔率，q は曲路率，T は絶対温度，M は分
子量である．クヌーセン流は気体の分子量の平方根の逆数に従うことがわかる．
　$r \gg \lambda$ のように孔径が大きい場合は，気体は管壁と衝突をするより気体同士
の衝突が優先的に起こる．このときの気体の透過量は

$$J = -C(kr^2 / 8\eta)\,(dp/dx)$$
$$k \text{ vs } \varepsilon/q^2 T$$

となり，**粘性流**として表される．クヌーセン流，粘性流における多孔質膜内の
物質移動を図 5.2 に示した．

● **非多孔質膜** ● ●

　一方，10 Å 以下の孔径はもはや孔ではなく高分子鎖と高分子鎖の間隙に相当
し，気体の分離に用いられる．非多孔質膜の場合，その膜形態を構造から分類
すると**均一膜，非対称膜，複合膜**に分けられる（図 5.3）．均一膜は同一素材か
らなる緻密膜をいう．非対称膜は，表面が緻密層でその下に多孔層からなる構
造を同一素材で作製した膜である．表面の緻密層が分離機能を有しており，多
孔質は物理的に表面の緻密層を支える支持体として形成されている．複合膜は，
表面に分離機能を有する薄膜と，その支持体である多孔質膜からなる膜で，基
本的には異なる膜素材から構成される貼り合せ膜である．

● **5.2　高分子による気体分離** ●

　気体の透過とは，先ず気体が膜に溶解しさらに膜中を拡散，膜から脱離して
行く過程をいう（図 5.4）．この機構を**溶解-拡散機構**と呼び，高分子膜での気
体透過はこの機構により説明できる．透過量を定量的に評価する場合，透過量
（J）はフィックの第一法則に従い

$$J = -D\frac{\partial C}{\partial x}$$

で表される．D は拡散係数，C は気体の濃度，x は膜厚方向への気体の移動距
離である．ここで気体の膜への溶解がヘンリーの法則に従うとすれば

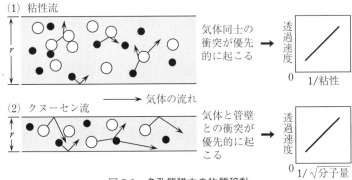

(1) 粘性流

r

気体同士の
衝突が優先
的に起こる

透過速度

0　　1/粘性

気体の流れ

(2) クヌーセン流

r

気体と管壁
との衝突が
優先的に起
こる

透過速度

0　　1/√分子量

図 5.2　**多孔質膜内の物質移動**

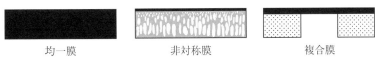

均一膜　　　　　　非対称膜　　　　　　複合膜

図 5.3　**非多孔質膜の膜構造**

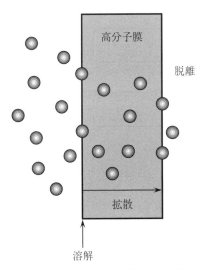

高分子膜

脱離

拡散

溶解

図 5.4　**高分子膜の溶解-拡散機構**

$$C = Sp$$

となり

$$J = -DS \frac{\partial p}{\partial x} = -P \frac{\partial p}{\partial x}$$

で表せることになる．さらに，

$$P = DS \qquad (1)$$

が成り立つためには，最終的に気体の透過は**拡散係数**（D）と**溶解度係数**（S）の積で表されることになる．ここで P は**透過係数**と呼び，膜面積や膜厚にはよらない固有の値として求めることができる（図 5.5）．

ここで P の単位は（cm³(STP)cm/(cm² sec cm Hg)），D は（cm²/sec），S は（cm³(STP)/(cm³ cm Hg)）で表される．

式（1）は供給圧力 p_1，p_2，膜厚 l，膜面積 A を用いて表すと

$$Q = \frac{DSA(p_1 - p_2)t}{l}$$

$$Q = \frac{PA(p_1 - p_2)t}{l} \qquad (2)$$

で示され，実際の実験ではこれらの条件を設定することにより P が求められる．

ただし式（1）は高分子がゴム状のとき成り立つ式であり，ガラス状高分子では成立しないときがある．高分子への気体の溶解が液体と同じヘンリーの法則に従うのはゴム状高分子の場合であって，ガラス状高分子では異なる場合がある．

例えば，図 5.6 で見られるように，ゴム状高分子の収着が圧力に対し直線的に増加するのに対しガラス状高分子膜への気体の収着は，圧力の低い領域では上に凸の曲線を示す場合がある．これは，ゴム状高分子への気体の収着が単純なヘンリー型に従うのに対し，ガラス状高分子ではヘンリー型とラングミュア型の異なる吸着席に気体が収着するためであると説明されている．

さらにガラス状高分子中での気体の拡散係数が圧力依存性を示すことも明らかになっており，ガラス状高分子での気体の透過式は

$$P = k_D D_D \{1 + FK / (1 + bp)\}$$

$$F = D_H / D_D$$

$$K = b C_H / k_D$$

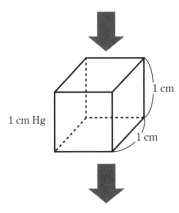

1 cm

1 cm Hg

1 cm

図 5.5　気体の透過係数

k_D：ヘンリー型溶解度係数
D_D：ヘンリー型拡散係数
D_H：ラングミュア型拡散係数
C_H：ラングミュア容量定数
b：親和力定数

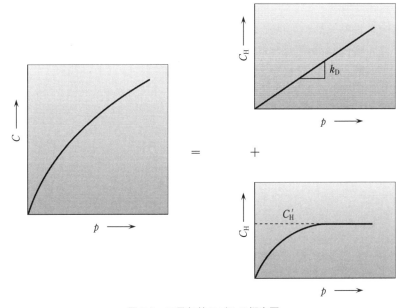

図 5.6　二元収着モデルの概念図

を用いて解析されている．この透過挙動を**二元輸送モデル**と言い，この式を用ることによりガラス状高分子膜の気体透過挙動は定量的によく表すことができるようになった．

　しかし二元輸送モデルでは解決されていない問題点もいくつかあり（ラングミュア項の取り扱いや膜の可塑化の影響等），ガラス状高分子膜での気体透過にはさらに詳細な議論が必要である．

　高分子膜の利用を実用面から分けると，

　(1) バリヤー膜

　(2) 分離膜

の 2 つに分けられる．一般的な高分子膜の気体透過係数を表 5.1 に示した．バリヤー膜とは，酸素や湿気による商品の酸化防止を目的とした膜である．食品用フィルムや清涼飲料水，ビールのボトルはその代表で，酸素透過性や水蒸気透過性の低い膜が用いられている．また，電子材料も酸素や湿気の影響により酸化され機能低下が引き起こされるため，バリヤー膜が電子材料のあらゆる分野で利用されている．

　一方，**分離膜**としては医療用あるいは燃焼効率を高めるための酸素富化膜，酸素と二酸化炭素の交換を行う膜型人工肺，温室効果ガス（二酸化炭素等）の分離回収膜，天然ガスからのヘリウム，水素，メタンガスの分離，C1 化学における炭化水素類の分離など，医療用から工業用まで分離膜の利用範囲は極めて広い．これら分離膜で要求される膜性能は 2 つで，

　(1) 目的の気体を如何に分離するか（分離性）

$$\frac{P_1}{P_2} = \frac{D_1}{D_2} \times \frac{S_1}{S_2}$$

　(2) 目的の気体を如何に多く透過させるか（透過性）

$$P = D \times S \quad \text{あるいは} \quad Q = \frac{P}{l} \quad (Q：透過流量，\ l：膜厚)$$

である．ここでは，先ず分離膜の性能（分離性，透過性）を高める試みを紹介し，さらにバリヤー膜の設計指針について述べる．

表 5.1　代表的な高分子膜の気体透過性

高　分　子　膜	$P_{O_2} \times 10^{10}$	$P_{CO_2} \times 10^{10}$	$P_{H_2O} \times 10^{10}$
ポリアクリロニトリル	0.0003	0.0018	300
ポリメタクリロニトリル	0.0012	0.0032	410
ポリ塩化ビニリデン	0.0053	0.029	1.0
ポリエチレンテレフタレート	0.035	0.17	175
ナイロン–6	0.038	0.16	275
ポリ塩化ビニル	0.045	0.16	275
ポリエチレン（密度 0.964）	0.40	1.80	12
酢酸セルロース	0.80	2.40	6800
ポリカーボネート	1.40	8.0	1400
ポリプロピレン	2.20	9.2	65
ポリスチレン	2.63	10.5	1200
ポリエチレン（密度 0.922）	6.90	28.0	90
テフロン	4.9	12.7	33
天然ゴム	23.3	153	2600
ポリジメチルシロキサン	605	3240	40000

単位：cm^3 (STP)·cm/(cm^2·sec·cm Hg)　30℃

5.2.1　溶解依存型分離膜

気体の透過は式（1）示したように，拡散係数と溶解度係数に依存する．つまり，分離性，透過性を高めるには溶解度係数を増大させることが1つの方法である．

一般に高分子の構造を変え，溶解度係数を変化させても1桁以上大きくなることは稀であり，分離性もあまり変わらないことが実験的に確かめられている．これは高分子膜中への気体の溶解が物理吸着に依存しているためであり，この機構に従う限り透過性，分離性の大きな向上は望めない．そこで，特定の気体とのみ化学吸着を示す物質を高分子膜中に担持あるいは共有結合で固定することにより，飛躍的に溶解性を高め分離性を増大させる試みがなされている．

このように特定の気体とのみ化学吸着を示す物質のことを**キャリア**と呼び，この気体輸送のことを**促進輸送**と呼んでいる（図5.7）．促進輸送の考え方は初め液膜で試みられ，空気から酸素／窒素を分離する酸素富化膜として研究されてきた（流動キャリア）．例えば，酸素キャリアには酸素と選択的に結合する金属錯体を用いることにより（図5.8），通常の高分子膜の（酸素／窒素）選択性が3程度であるのに対し，酸素キャリアを用いた液膜では極めて高い酸素分離性能（酸素／窒素 = 30）が報告されている．しかし，キャリアを担持した液膜には克服し難いいくつかの問題点（キャリアの安定性が低く膜寿命が短い，溶媒の蒸発による気体透過性の低下，薄膜化が困難等）があるため，現在高分子膜にキャリアを固定した固相膜からなる促進輸送（固定キャリア）に大きな期待が寄せられている．

固定キャリアとして金属ポルフィリン錯体を高分子膜中に担持あるいは共有結合で導入し酸素分離を行う分離膜が検討されている．金属ポルフィリンは血液中の酸素と結合するヘモグロビンと基本骨格を同じくする化合物で，ヘモグロビンと同様にポルフィリン構造を上手くコントロールすると，迅速に酸素と結合したり，結合した酸素を解離したりすることができる．図5.8のポルフィリン錯体は嵩高い置換基をポルフィリン環上部に構築することにより酸素を迅速かつ選択的に取り込むことが可能で，高い酸素分離性を示すことが明らかにされている（酸素／窒素が10を超える）．窒素透過が圧力に依存しないのに対し，酸素透過は圧力依存性を示すため，膜内で酸素は図5.9（p.121）のように輸送されていると考えられている．促進輸送は膜への気体溶解性を高める方法

（a）単純拡散

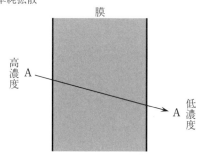

（b）促進輸送

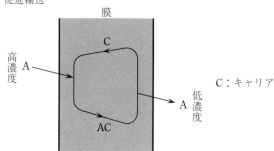

C：キャリア

図 5.7　単純拡散と促進輸送

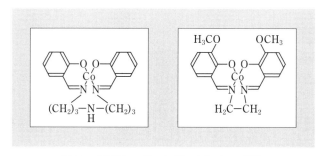

図 5.8　酸素キャリアに用いられる Co 錯体

としては最も適しており，今後は長期間にわたり気体透過性を維持できる透過安定性の高い新しいキャリアの開発が 1 つの鍵となる．

　一般に，ポリジメチルシロキサン（PDMS）などのゴム状高分子はガラス状高分子に比べ気体透過性が高い．これは，ゴム状高分子がガラス状高分子に比べ柔軟な高分子主鎖を持つため，高分子膜内で大きな自由体積を形成するためである．例えば，PDMS での高い気体透過性は Si—O 結合の柔軟性によるものである．

　しかし，ポリ（1-トリメチルシリルプロピン）（TMSP）はガラス状高分子でありながら，表 5.2（p.122）に見られるように，酸素透過係数，二酸化炭素透過係数が PDMS の 10 倍以上であることが見出された．TMSP 以外のポリアセチレン類でも極めて高い気体透過性を示すことが明らかになっている（図 5.10, p.123）．ガラス状高分子であるポリアセチレン類での高い気体透過性は高分子鎖間の大きな間隙によるもので，固い主鎖構造と嵩高い置換のため分子レベルの孔が存在しているといわれている．ただし，この孔は多孔質で見られるような 1 nm 以上の孔径ではない．ポリアセチレン類の膜は完全な緻密膜である．最も高い気体透過性を示した TMSP を PDMS と比較すると，溶解度係数が際立って大きいことがわかる（表 5.3, p.123）．つまり，ポリアセチレン類膜での高い気体透過性は極めて大きな気体溶解度に依存した透過機構であることがわかった．しかし，この膜の気体透過性は時間経過とともに透過性が急激に低下し元の値の数 10 分の 1 まで減少するということが明らかになった．これは高分子鎖の緩和や膜への有機蒸気などの吸着が起こるためであり，膜の安定性を如何に高めるかがポリアセチレン類の膜を実用化する上で大きな問題となっている．

5.2.2　拡散依存型分離膜

　キャリアなどの工夫を高分子膜に施した場合は別だが，一般に高分子のみで気体の溶解性を飛躍的に増大させることには限界がある．しかし，気体の拡散性は高分子構造を変えることにより大きく変えることができる．特に拡散選択性（D_1/D_2）は高分子構造に著しく依存するため，拡散選択性の制御は気体の分離性能を高めるための重要な方法である．

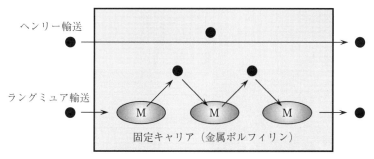

図5.9 中の要素:

ヘンリー輸送

ラングミュア輸送

固定キャリア（金属ポルフィリン）

金属ポルフィリン錯体を担持した高分子膜

●：酸素分子

図 5.9　金属ポルフィリン錯体による促進輸送

表 5.2　高い気体透過性を示す高分子膜

高分子膜	温度 (℃)	気体透過係数† $\times 10^{10}$					分離係数 (透過係数比)		
		H_2	He	CO_2	O_2	N_2	H_2/N_2	CO_2/N_2	O_2/N_2
ポリ(1-トリメチルシリルプロピン)	30	13900		28100	7850	5510	2.52	5.1	1.4
ポリジメチルシロキサン (シリコーンゴム)	25	230		3240	605	300	0.77	10.8	2.0
ポリ(ビニルトリメチルシラン)	25	200	180	190	44	11	18.2	17.3	4.0
ポリ(4-メチルペンテン-1)	25		100	93.0	32.0	6.6		14.1	4.8
エチルセルロース	25	53.4		113	15.0	4.4	12.1	25.7	3.4
天然ゴム	25	90.8	23.7	99.6	17.7	6.12	14.8	16.2	2.9

† cm^3 (STP) $cm/(cm^2 \, s \, cm \, Hg)$

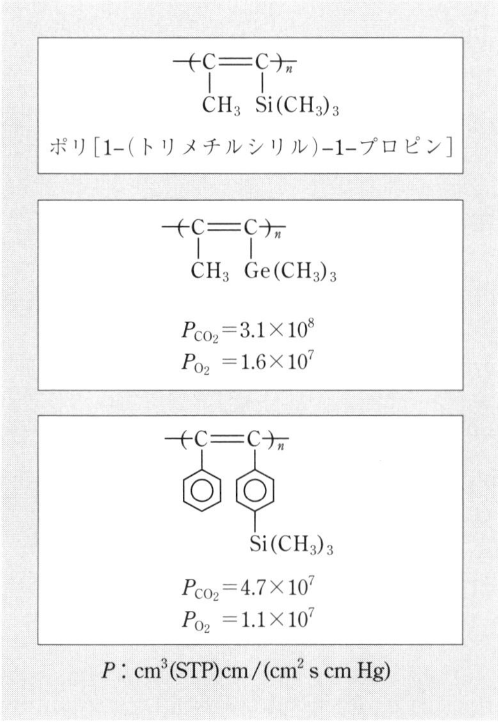

$$-(C=C)_n-$$
$$CH_3 \quad Si(CH_3)_3$$

ポリ［1-（トリメチルシリル）-1-プロピン］

$$-(C=C)_n-$$
$$CH_3 \quad Ge(CH_3)_3$$

$$P_{CO_2} = 3.1 \times 10^8$$
$$P_{O_2} = 1.6 \times 10^7$$

$$-(C=C)_n-$$

$$Si(CH_3)_3$$

$$P_{CO_2} = 4.7 \times 10^7$$
$$P_{O_2} = 1.1 \times 10^7$$

$P : cm^3(STP)cm/(cm^2\,s\,cm\,Hg)$

図 5.10 ポリアセチレン類の気体透過性

表 5.3 TMSP と PDMS の比較（30℃）

	TMSP	PDMS
$P_{O_2} \times 10^{10}$	7700	960
$D_{O_2} \times 10^6$	47	40
$S_{O_2} \times 10^4$	170	24

$P : cm^3(STP)cm/(cm^2\,s\,cm\,Hg)$
$D : cm^2/s$
$S : cm^3(STP)/(cm^3\,cm\,Hg)$

● 芳香族ポリイミド ● ●

例えば，耐熱性高分子として知られている芳香族ポリイミドの構造を少し変えるだけで気体の選択性が大きく変わることが報告されている．一例を示すと，芳香族ポリイミドのジアミン構造部位を変えると，表5.4からわかるように，（酸素／窒素）選択性，（二酸化炭素／メタン）選択性は大きく変化する．図5.11に見られるような高分子構造のわずかな変化が拡散選択性に強く反映され，m-ポリイミドで高い気体分離性能が実現した．

● ゴム状高分子とガラス状高分子のちがい ● ●

一般に，ポリジメチルシロキサンなどのゴム状高分子は柔軟な高分子主鎖構造の影響を受け高い気体透過性は与えるが，溶解度選択性，特に拡散選択性が低いため気体分離性能は低い．一方，ガラス状高分子は剛直な高分子主鎖構造を持つため膜中の気体の拡散に大きな影響を与え，高い拡散選択性により高い気体分離性を示す．

ゴム状高分子とガラス状高分子の気体透過性の違いは酸素（O_2），窒素（N_2），二酸化炭素（CO_2），メタン（CH_4）などの分子径の違う気体を用い評価するとよくわかる．一般にゴム状高分子の気体透過性は気体の高分子膜中への溶解度が支配的因子となるため，4種の気体に対する透過性の順番は

$$P_{CO_2}(3.3\,\text{Å}) > P_{CH_4}(3.8\,\text{Å}) > P_{O_2}(3.46\,\text{Å}) > P_{N_2}(3.64\,\text{Å})$$

となる（カッコ内は4種類の気体の大きさを Kinetic Diameter で表している）．これは，凝集性気体である CO_2，CH_4 の高分子膜への溶解性が透過性に大きく反映されているためである（図5.12）．一方，ガラス状高分子である芳香族高分子のポリスルホン，ポリカーボネートなどでは，高分子膜中を移動する気体の拡散性が透過に強く反映されるようになり

$$P_{CO_2} > P_{O_2} > P_{CH_4} > P_{N_2}$$

となる．さらに，ガラス状高分子の中でも高分子構造の秩序性が高い芳香族ポリイミドでは

$$P_{CO_2}(3.3\,\text{Å}) > P_{O_2}(3.46\,\text{Å}) > P_{N_2}(3.64\,\text{Å}) > P_{CH_4}(3.8\,\text{Å})$$

となり，気体の大きさを表す Kinetic Diameter と良い相関性を示す．つまり，ガラス状高分子膜では気体の大きさに依存して気体分離性が可能であることがわかる．ゴム状高分子に比べガラス状高分子では高分子鎖間の間隙がより密に形成されているため，拡散選択性が著しく向上したことがその原因である．従

表 5.4 6FDA–m–DDS 膜と 6FAP–p–DDS 膜の気体透過性

ポリイミド	(P_{O_2}/P_{N_2})	(D_{O_2}/D_{N_2})	(S_{O_2}/S_{N_2})	(P_{CO_2}/P_{CH_4})	(D_{CO_2}/D_{CH_4})	(S_{CO_2}/S_{CH_4})
6FDA–m–DDS	9.1	6.7	1.2	74	18	3.8
6FDA–p–DDS	6.1	4.9	1.3	47	12	3.8

P：透過係数，D：拡散係数，S：溶解度係数，測定温度：35℃，測定圧力：76 cm Hg

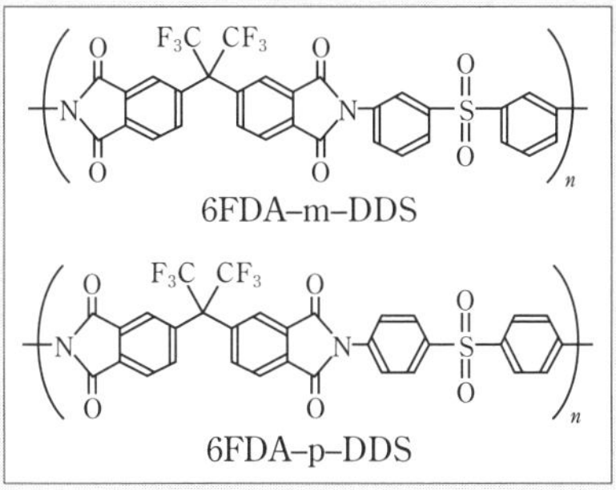

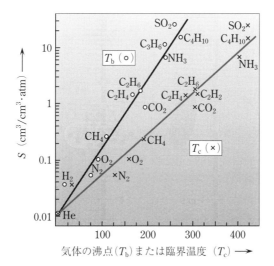

図 5.11 含フッ素ポリイミドの構造

図 5.12 天然ゴムに対する気体の沸点・臨界温度
と溶解度係数（S）の関係

って,高分子鎖の間隙（自由体積）をうまく制御（拡散性の制御）できると,気体の大きさに依存した"分子ふるい"的な透過が可能となる.

　ここでメタンの透過性を例に透過機構を説明したが，メタンは石油などに比べ二酸化炭素発生量が少ないため，現在クリーンなエネルギー資源として最も注目されている気体である．メタンは天然ガスあるいはゴミ埋立地から発生するランドフィールドガスの中に含まれており，燃料電池の資源としても注目されている．現在，混合気体中からいかに効率的にメタンだけを分離回収するか,新しい高分子膜の研究が進められている.

5.2.3　高分子膜の構造

　膜に要求される性能は分離性と透過性であることは既に述べたが，分離膜を実用化する上で特に重要となるのは，実際膜を介して目的の気体をどれだけ分離回収できるかということである．つまり，膜を透過してくる気体の透過量が実は大変重要なのである．気体の透過量は式（2）（p.116）からわかるように膜の厚さと表面積に依存するため，膜が薄ければ薄いほど，また，透過面積が大きければ大きいほど透過量は大きくなる．つまり膜の構造としては，気体を分離する分離活性層はできるだけ薄く，しかも有効表面積をどれだけ大きくとれるかがポイントとなる.

　図5.3（p.113）に示したように，表面の分離層を薄くする方法としては，複合膜や非対称膜などがある．一方，膜表面を大きくでき，しかも装置工学的にも優れた膜形態として中空子膜が知られている．つまり，表面の分離活性層が薄い中空糸膜ができれば,それが実用化には最も適している．図5.13からわかるように，中空子膜の大きさは人間の髪の毛より細く，穴の開いた繊維状高分子である．中空子膜自体は既に十分な透過膜面積をもつため，あとはどのようにして表面分離層を薄くするかがポイントとなる.

　湿式紡糸法（図5.14の乾式プロセスを経ない製膜法）あるいは乾湿式紡糸法と呼ばれる高分子の相分離現象を利用して，中空糸膜表面に薄い分離活性層を形成させる方法が広く用いられている．この方法を用いると，非対称構造（表面が緻密層でその下に多孔層からなる構造を同一素材で作製した膜）からなる中空糸膜の作製が可能となる．実用化には図5.15で見られるように，さらに何千本もの中空糸を束ねた中空糸膜モジュールを作製する必要がある.

100μm

図 5.13 走査型電子顕微鏡で観察した中空糸膜の断面

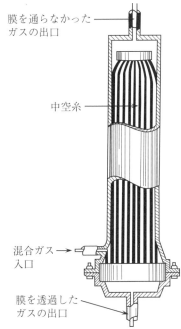

膜を通らなかったガスの出口

中空糸

混合ガス入口

膜を透過したガスの出口

図 5.15 中空糸膜モジュール

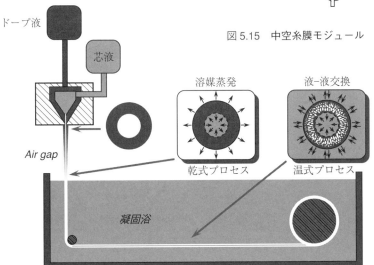

ドープ液

芯液

Air gap

溶媒蒸発

乾式プロセス

液-液交換

温式プロセス

凝固浴

図 5.14 乾湿式紡糸法

5.2.4 バリヤー膜

バリヤー膜は食品用フィルムや清涼飲料水，ビールのボトルから電子材料の酸化防止用フィルムまで幅広い分野で大量に消費されている．大量に使用されたバリヤー膜のリサイクルの問題や，バリヤー膜の燃焼により発生するダイオキシン類の問題など，環境問題との絡みから近年バリヤー膜に関する関心は極めて高い．これまで用いられてきたバリヤー膜（身近なところでは食品包装用のラップフィルムなど）は，ポリ塩化ビニリデン，ポリエチレンテレフタレート，エチレン-ビニルアルコール共重合体など大変良く知られた高分子フィルムから作られてきた．現在バリヤー膜に要求されている特性をまとめると

1) 低い酸素透過性
2) 低い水蒸気透過性

の2つとなる（表5.5）．しかし今後は，使用後の廃棄フィルムのリサイクルが容易に行える，生分解機能を兼ね備えた高分子材料でバリヤー膜を設計するなどの要求が高まるものと考えられる．

既に記述したように，無孔膜による高分子膜の気体透過は溶解-拡散機構に従うことが知られている．高分子膜では，一般に気体の膜への溶解性を制御して透過性をコントロールすることは難しい．バリヤー膜の設計においても，多くの場合気体の拡散性を制御する方法がとられている．高分子膜の拡散性は，

(1) 高分子鎖間の間隙を密にする
(2) 高分子間の相互作用（水素結合など）を利用する
(3) 膜を延伸あるいは配向処理する
(4) 結晶性高分子を用いる

などにより低下させることが可能である．ポリ塩化ビニリデンは (1) の効果が大きく，エチレン-ビニルアルコール共重合体は (2) の効果により，ポリエチレンテレフタレートは (3) の効果でバリヤー性を実現している．

典型的な生分解性高分子の1つに，微生物の作るバイオポリエステルがある．多くの微生物はポリ [3-ヒドロキシブタン酸]（P3HB）やその共重合体を生合成している（図5.16）．あるいは，このバイオポリエステルは微生物の体内エネルギー貯蔵物質として顆粒状で蓄えられいる．この PHB を含んだ共重合体をバリヤー膜に応用しようとする試みもある．PHB 共重合体のバリヤー性能はポリエチレンテレフタレートと同程度であると報告されている．

表 5.5 現在使用されている高分子膜のバリヤー性

ポ リ マ ー	25℃における透過度[†]	
	O_2	H_2O
ポリビニルアルコール（dry）	0.065	—
ポリビニルアルコール（wet）	310	1,079（95%RH）
エバール F（dry）	0.3	—
エバール F（wet）	31	38
ポリアクリロニトリル（結晶化）	0.65	5.5
PVDC（ホモポリマー）	1.6	0.07
PVDC（コポリマー）	4	0.5
セロハン（dry）	2	—
ポリアクリロニトリルコポリマー（70%AN）	16	19
ナイロン 6（dry）	18	—
ナイロン 6（wet）	78	47
PET（2軸延伸フィルム）	47	5
PET（2軸配向ボトル）	78	8
ポリクロロトリフロロエチレン	47	1.6
ナイロン 6–10（dry）	93	—
ナイロン 6–10（wet）	155	22
PVC（硬質）	124	5.5
PVC（ボトル用）	168	7
ポリアセタール	155	47
ポリメチルメタアクリレート	260	41
PET コポリマー（PETG）	414	26
ポリビニルアセテート（dry）	910	—
PE（$d=0.955$）高密度	1,710	0.5
PP	2,330	1.6
ポリカーボネート	3,620	44
ポリスチレン	6,730	30
ポリエチレン（$d=0.29$）低密度	7,510	2.7
テフロン	7,770	1.2
ポリブタジエン	38,840	58
ポリ 4–メチルペンテン–1	62,140	47

[†]O_2：cc・25.4 μ/m^2・24 hr・atm，H_2O：g・25.4 μ/m^2・24 hr・atm

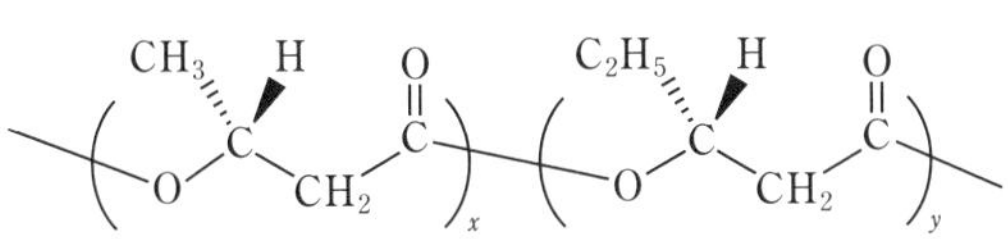

(R)–3HB (R)–3HV

図 5.16 P3HB の共重合体

● **5.3　溶液系における分離**●

5.3.1　精密濾過膜，限外濾過膜，逆浸透膜

　濃度の異なる溶液を膜で隔てて接すると，膜を介して溶液や溶質が透過する．溶液系における溶液や溶質の分離は，濃度差を利用して分離する方法以外にも，圧力差，温度差などを駆動力として溶質，溶媒を透過させる方法がある．液-液分離における分離膜の種類を**表5.6**に示す．表からわかるように分離性能は孔径に大きく依存する．**液-液分離膜**の形態は気体分離膜でも記述したように一般的には中空糸膜が用いられる．その中空糸膜の構造も気体分離膜と同様に非対称構造が望まれている．中空糸膜の製膜法は一般的に相転換法や延伸法などが用いられるが，液-液分離膜でもやはり相転換法が主流で，高分子溶媒を非溶媒等に接触させたり，溶媒を蒸発させることにより液相から固相に転換させ中空糸膜を作製している．

● **限外濾過膜** ● ●

　さらに表5.6を詳しく眺めてみよう．**限外濾過膜**とは数nmから数十nmの孔径が存在（ここでは**表5.6**の限外濾過膜とナノ濾過膜を含む）する多孔質膜のことをいい，その分離機構は孔により透過させる分子の大きさで分離する "ふるい" 効果によるものである．膜性能は，通常，膜を透過する流束と溶質の阻止率により評価される．阻止率は分子量の大きい溶質ほど高く，阻止率が90％になる分子量を**分画分子量**と呼ぶ．この値が限外濾過膜の性能を表す重要なパラメータである．**図5.17**は分子量と阻止率（R）の関係を示した図である．ここでRは

$$R\,(\%) = \left(1 - \frac{C_\mathrm{p}}{C_\mathrm{f}} \right) \times 100$$

で定義される．C_f，C_pはそれぞれ供給液の濃度，透過液の濃度を示している．

　限外濾過膜での問題点は，膜の**劣化とファウリング**である．膜材料が劣化する原因は

（1）酸化や加水分解による化学的要因

（2）乾燥や圧密化による物理的要因

があげられる．一方，ファウリングとは溶質などが膜に吸着し膜の性能低下を引き起こすことをいうが，液-液分離膜ではこのファウリングの防止が特に重要で，吸着しにくい膜表面が求められている（**図5.18**）．

表 5.6　液-液分離膜

高分子材料	分　　類		
分離膜	精密濾過膜（孔径：0.02〜1 μm） 限外濾過膜（孔径：5〜20 nm） ナノ濾過膜（孔径：2〜5 nm） 逆浸透膜（孔径：2 nm 以下）		
イオン 交換樹脂	陽イオン 交換樹脂	強酸性	
		弱酸性	
	陰イオン 交換樹脂	強塩基性	
		弱塩基性	

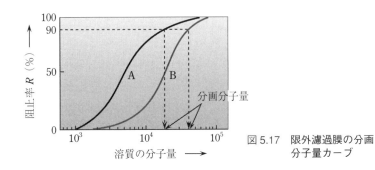

図 5.17　限外濾過膜の分画分子量カーブ

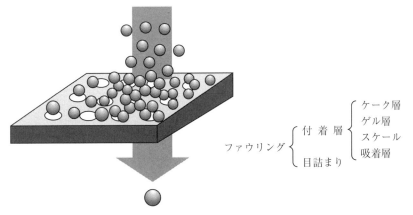

図 5.18　ファウリングの原因

また，限外濾過膜の分離は溶質の大きさに依存した"ふるい"効果に従うため，同程度の大きさの溶質を分離することは難しい．そこで，膜に陽イオンあるいは陰イオンを導入した限外濾過膜を作製し，大きさだけでなくイオンの効果で分離する電荷固定型限外濾過膜が用いられている．イオン基を導入した限外濾過膜は，分子量が同程度のものが多いアミノ酸やタンパク質などの分離に有効である（図 5.19）．

● **精密濾過膜** ● ●

精密濾過膜とは孔径が $0.02\,\mu m$ から数 μm 程度の膜のことをいう．この膜でも目詰まりなどが大きな問題となっており，その対策として陰イオンを導入した膜が利用されている．

● **逆浸透膜** ● ●

海水を淡水化するために用いられる膜が**逆浸透膜**である．膜で純水と塩溶液を区切ると，水は純水側から塩溶液側へ透過する．水透過を抑えるためには塩溶液側に圧力をかける必要がある．この圧力を**浸透圧**と言い，塩溶液側に浸透圧を超える圧力をかけると水が純水側に透過し，塩と水を分離することが可能となる．このような膜のことを逆浸透膜と呼んでいる．逆浸透膜が備えるべき機能は，

(1) 塩の除去率が 99.5% 以上

(2) 高い水透過性（海水の淡水化には $10l\,/\,(m^2\,1\,atm)$ 以上）

(3) 圧密化の防止

(4) 耐塩素性

などがある．現在多く用いられている膜は酢酸セルロース，芳香族ポリアミドなどである．

5.3.2　パーベーパレーション膜

パーベーパレーション法は Permeation（浸透）と Evaporation（蒸発）を組み合わせた言葉で，水溶液・非水溶液を問わず，有機溶媒からの混合物の分離を対象にした膜分離法である（図 5.20）．パーベーパレーション法は蒸留法などで分離が難しい共沸混合物や近沸点混合物などの分離や精製に，また，近年では環境汚染回収のため水源から有機塩素化合物の分離除去や産業廃水からのフェノール回収除去への応用が考えられている．その中でも発酵アルコールか

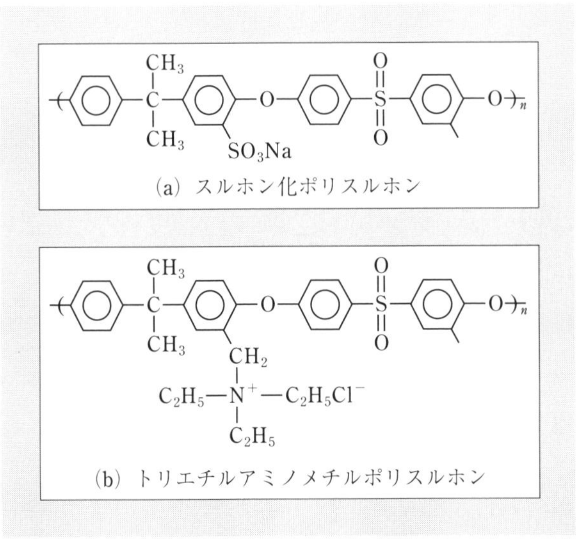

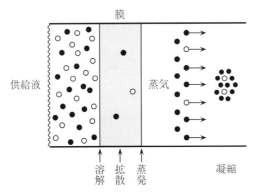

図 5.19　荷電を持つ限外濾過膜材料

図 5.20　パーベーパレーション法の原理

らアルコールを分離する方法としてパーベーパレーション法は検討されてきた.

水-アルコール分離において，水を選択的に透過する高分子膜は既に数多く報告されており，ポリビニルアルコール複合膜では実用化もされている．しかし，アルコールを選択的に透過する膜は極めて少ない．高いアルコール選択性膜を示す膜には，高分子からなる非多孔質膜と，nm オーダーの細孔からなるゼオライト多孔質膜などがある．透過機構は膜への溶解，膜中の拡散による，いわゆる溶解-拡散機構に従っている．高分子膜でアルコール選択性を実現するには，アルコール溶解性の高い膜を用いる必要がある．さらに，水はアルコールに比べ分子径が極めて小さいため，膜中での拡散性はアルコールに比べ大きい．従って，水を溶解させない膜表面，例えば疎水性膜表面を作ることも 1つの方法である．しかし，アルコールの溶解性が高い膜ではアルコールにより膜の**膨潤**が起こり，その結果，膨潤された部分を水がよく透過するようになるため水透過性が著しく増加する．従って，アルコールによる膜の膨潤を防ぐ必要もある．一般に膜に架橋構造を持たせることにより膨潤を防ぐことはできる.

高分子膜での代表的な素材にはポリジメチルシロキサン（PDMS）系膜，含フッ素系高分子膜，ポリアセリレン類膜などがある．ポリスチレン-ポリフルオロアルキルアクリレート共重合-PDMS 複合膜でエタノール選択性＝46 を，ポリ（1-フェニルプロピン）-PDMS クラフト共重合膜で選択性＝40 が報告されている．しかし，バイオマスからの希薄なエタノールを濃縮するプロセスには，透過性・選択性ともに十分ではなく，さらに新しい高分子膜の開発が必要である.

● 5.4　分子認識材料●

5.4.1　大環状化合物

分子認識とはある特定のレセプターが基質と弱い結合を形成することによりその基質を選択（認識）することをいう．よく知られた化合物としてクラウンエーテルがあるが，クラウンエーテルはアルカリ金属イオンを認識し複合体を形成する．また，バイノマイシンはカリウムイオンを大きな環内に取り込み複合体を形成する．これら化合物は**大環状化合物**と呼ばれ二次元の環形態（孔）を利用して分子を選択的に取り込むものである（図 5.21）.

一方，2 つの環を持つ二環式大環状化合物は三次元的に分子を取り込むこと

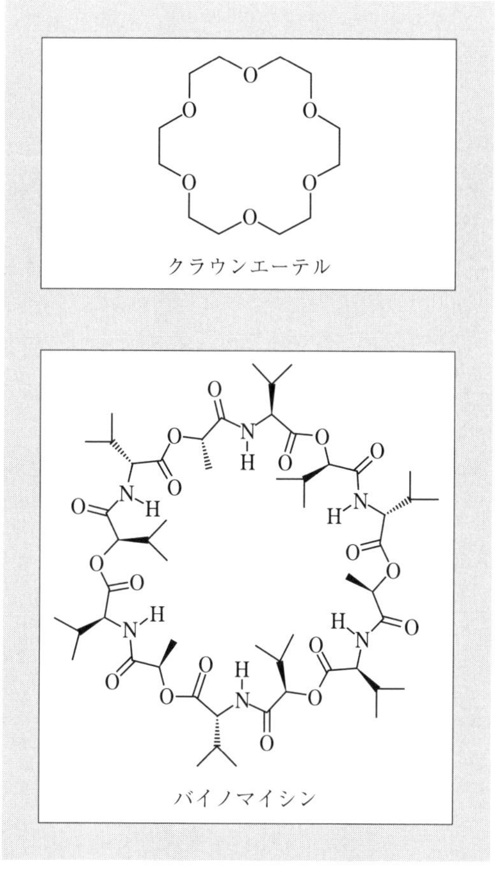

クラウンエーテル

バイノマイシン

図 5.21 大環状化合物

ができるため，球状の金属イオンを認識して分離することが可能である．分子
鎖長を長くすることにより，取り込むことができるイオンも Li$^+$ から Na$^+$，K$^+$
へと大きくなり，二次元型の大環状化合物に比べ三次元型の認識サイトを持つ
大環状化合物は複合体の安定性，選択性で優れた特性を示すことが知られてい
る（図 5.22）．

このような分子認識物質を**ホスト-ゲスト化合物**と呼び，様々な形を持つ認識
材料がこれまで合成されてきた（図 5.23）．分子認識の特徴は，極めて高い
分離係数（$>10^2$）を持つことである．この分子認識サイトを用いた分離シス
テムが構築できれば，従来のシステムに比べ格段に高い効率的な分離が可能と
なる．

これまで，最も多く検討が加えられてきたのはクラウンエーテルを共有結合
で結んで高分子化を図る方法である．高分子化されたクラウンエーテルは環内
にアルカリ金属イオンを取り込むだけでなく，クラウンエーテルでサンドイッ
チ構造を形成するため空孔より大きい金属イオンを包接することも可能である．
しかし，高分子化クラウンエーテルは高い選択性を示す一方，そのイオン透過
性は低く，また強靱な膜を得にくいなどの問題がある．高分子化クラウンエー
テルを分離膜システムへ応用するには，さらに改善しなければならない問題点
が多い．

5.4.2　シクロデキストリン

シクロデキストリンはグルコースが 6 〜 9 個環状で結合した円筒状分子孔を
もつホスト分子で，孔サイズの大きさに応じて様々な分子を取り込むことがで
きる包接化合物である．特に水中で芳香族化合物などの疎水性基質を包接でき
ることで知られている（図 5.24）．シクロデキストリンの高分子化も早くから
検討されており，クラウンエーテルなどに比べると大きな分子の分離が可能で
ある．高分子シクロデキストリンを用いて D 体，L 体などの光学分割への応用
も盛んに検討された．また，その包接挙動は協同的に作用することが確認され，
低分子シクロデキストリンより高い包接安定性を示すことが明らかになった．

5.4.3　超 分 子

近年はこのような包接化合物の分子認識性を利用して複合体（超分子）を合

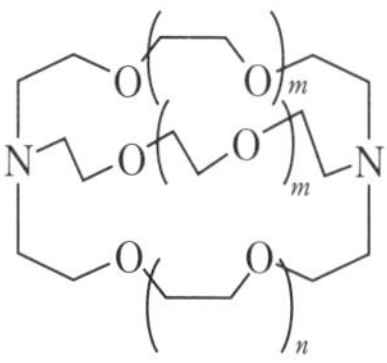

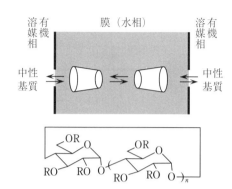

（1）　$m=0,\ n=1$
（2）　$m=1,\ n=0$
（3）　$m=n=1$

図 5.22　二環式大環状化合物

シクロデキストリン

図 5.24　シクロデキストリンの包接挙動

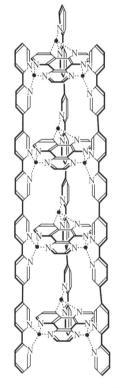

図 5.23　超分子化合物の一例

成する試みがなされている．**超分子**とは，非共有結合の弱い相互作用により結びついた分子が組織化され，個々の分子の機能を超えて複雑な働きを期待する新しい分子形態である．代表的な超分子にはロタキサンやカテナンなどがある（図5.25）．ロタキサンとは線状分子と環状分子の組み合わせにより構成された超分子であり，カテナンとは2個以上の環状分子がお互いに知恵の輪のような連結した構造をもつ化合物の総称である．多様な化学種を組み合わせることにより機能の発現を目指す超分子は，新しい分子デバイスや分子情報になり得るため，近年特に盛んに研究されている高分子である．

5.4.4　光学異性体

　ところで，分子認識材料の中で最も注目されている研究分野は何であろうか．おそらく光学異性体の分離であると考えられる．私たちは物を鏡に映すと，鏡に映した形がもとの形と同じになる場合と，異なる物になる場合の二種類が存在することを知っている．手袋を鏡に映すと右手用の手袋は左用に，左手用の手袋は右手用に映るが，このような左右の違いをキラルと呼んでいる．このキラルは化学の世界にも存在し，右手型（R体）分子と左手型（S体）分子のことを**光学異性体**と呼んでいる．

　自然界の中ではこのキラリティーは厳格に制御されており，例えばほとんどのタンパク質はS体のアミノ酸から構成されている．また，味や香りも光学異性体により異なることが知られている．人工的に合成した医薬品などの生理活性物質や農薬，香料，食品添加物にも光学異性体は存在し，その構造の違いにより効果は全く異なる場合がある．

　医薬品の場合には構造の違いにより副作用が引き起こされることもあるため，特に注意が必要である．よく知られた例にサリドマイドがある．サリドマイドは1960年代に鎮静剤として広く販売された医薬品で，この薬を服用した妊婦から奇形児が生まれ問題となった．サリドマイドは光学異性体が等量混ざったラセミ体として用いられていたが，動物実験の結果から，S体には催奇性があり，R体にはないことが確かめられた．サリドマイドほど極端な例は少ないが，光学異性体間で生理活性効果が大きく異なることが明らかとなり，光学異性体をいかに簡便にかつ効率的に分離するかが重要な問題となっている．

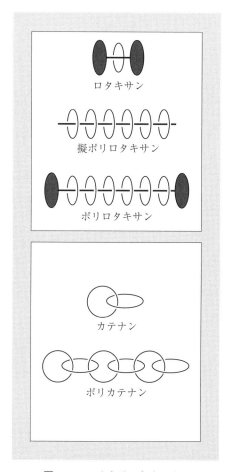

ロタキサン

擬ポリロタキサン

ポリロタキサン

カテナン

ポリカテナン

図 5.25 ロタキサンとカテナン

● 光学異性体の分離 ● ●

光学異性体は化学的にも物理的にも性質にほとんど差がないためその分離は極めて難しい．一般的にはキラル化合物を用いて光学異性体を分離する方法がとられている．その場合の光学異性体の認識は，

- （1）水素結合
- （2）イオン結合
- （3）配位結合
- （4）双極子-双極子相互作用
- （5）電荷移動相互作用
- （6）疎水的相互作用

などが利用されている．

分離システムとしては**液体クロマト法**，特に**高速液体クロマトグラフィー法**（HPLC）による光学異性体の分離が実用的な分取法，分析法として広く利用されている．HPLC ではキラル分子をカラム相に固定し，このキラル固定相と光学異性体間の相互作用差を利用して分離する方法である．この相互作用は繰り返し起こるため相互作用差は僅か 0.11 kcal/mol 程度あれば完全に分離が可能となる．一方，膜分離法は HPLC 法に比べ多段階で分離を行えないため，光学異性体を完全に分離するには光学異性体に対する高い分子認識能が要求されている．

光学異性体を分離する高分子膜としては，光学活性高分子であり規則的な高次構造を有するセルロースやアミロースなど多糖に関する研究が多い（図 5.26）．特に多糖フェニルカルバメート誘導体は優れた分離性能を示すことが知られている．また，光学活性なポリアミドやポリメタクリル酸に光学活性サイトを導入した高分子も合成されている．

一方，分子の鋳型を作り，決められた分子だけを認識する**分子インプリンティング法**を用い光学異性体を分離する方法も注目されている（図 5.27）．この方法は，テンプレート分子の共存下で，その分子と非共有結合の相互作用（水素結合，イオン結合，配位結合，双極子-双極子相互作用など）を形成するモノマーを重合させ，その後テンプレート分子を取り除き，テンプレート分子と同じ分子形状を識別できる高分子を作るものである．分子インプリンティング法の特徴は，オーダーメイドで分子認識体を作製するため従来の分離法では難しかった極めて微量な分子の認識も可能であるということである．

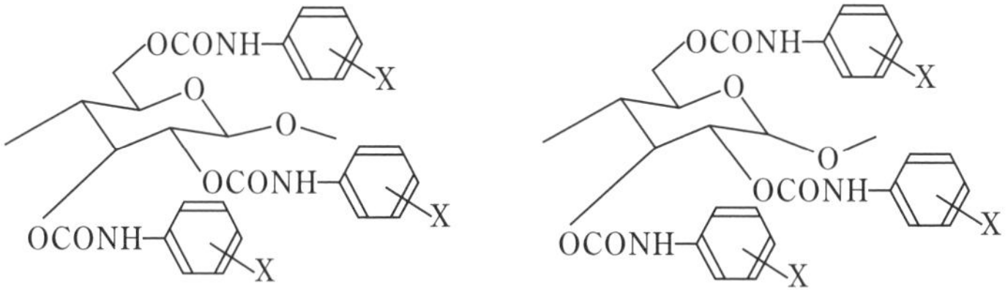

図 5.26　セルロース，アミロースの誘導体

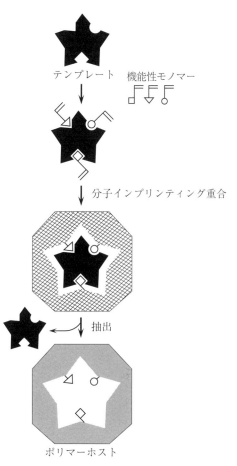

図 5.27　分子インプリティング法

6 バイオマテリアル

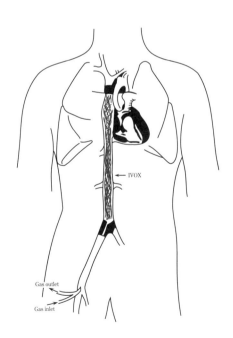

近年分子生物学の進歩は目覚しく，ヒトのほとんどの生体組織に**分化**できる万能細胞 "**胚性幹細胞**" が発見された．幹細胞自体は脳や心臓，肝臓などの特性を持つわけではなく，その一部が体内組織の細胞に分化するだけであるが，胚性幹細胞は体を構成するすべての細胞に分化できる性質をもった幹細胞である．つまり，この胚性幹細胞を用いうまく分化するような培養条件を設定できれば，例えば心筋細胞などを作り出すことが可能になると考えられている（図6.1）．しかし，組織や臓器を作り出すには細胞操作だけでは不可能で，例えば，ある特定な細胞だけを組織化できる特殊な培養基材が必要であったり，またこの細胞培養の足場がその役目が終了すると分解されるなどの，新しい機能をもつバイオマテリアル用高分子材料の開発が強く望まれている．

医療分野では既に数多くの高分子材料が利用されている．ディスポーザブルの注射器，縫合糸，カテーテルなどの一般医療品から始まり，薬剤を包埋，徐放するドラッグ関連高分子，コンタクトレンズ，セルロースやポリスルホンを用いた人工腎臓，多孔質ポリプロピレンからなる膜型人工肺など，人工臓器の分野でも多くの高分子材料が用いられている．しかし，残念なことに大部分の高分子は最良の選択と材料設計から生まれたものではなく，既存の材料を医療用に改良し用いられてきたものが多い．近年の急速なバイオテクノロジーの進歩からすると，今後は明確な設計指針に基づいた新しいバイオマテリアルが開発される必要がある．しかもその用途はますます多様化，複雑化し，対象も分子レベルの生理活性物質から，DNA，タンパク質，細胞，組織，臓器と大変幅広いものとなろう．バイオマテリアルがその役割を果たすには，目的となる生体機能をいかに代替あるいは再生するかが問題となるが，ここでは特に，生体機能としてソフトな組織，臓器に焦点を当て，それらの代替，再生を目指したバイオマテリアルについて紹介する．21世紀の基盤産業となるバイオテクノロジーを支える，あるいはその主役となるバイオマテリアルについて解説する．

● 6.1 生体適合性 ●

6.1.1 バイオマテリアルに要求される機能

高分子材料が生体組織や血液と接触すると，生体は材料を異物として認識するため時間の経過に伴い血栓形成，免疫反応，炎症反応など様々な反応が引き起こされることになる（図6.2 (a)，p.146）．これら反応の中で最初に起こる現象が材料表面へのタンパク質の吸着である．つまり，本来自己の生体成分であるタンパク質を介して異物反応が起こることになる（表6.1，p.147）．これは，

胚性幹細胞の培養

分化因子

分化した細胞を
組織に移植

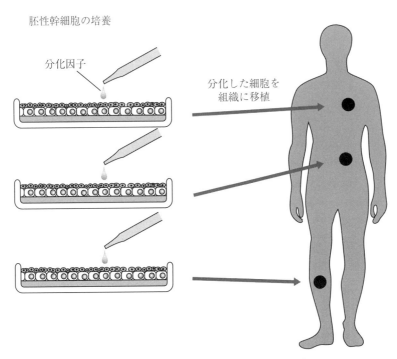

図 6.1 胚性幹細胞を用いた組織・臓器の再生

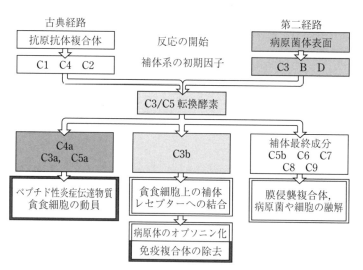

凝固因子系

高分子量キニノーゲン

プレカリクレイン → カリクレイン

XII → XIIa

XI → XIa

VIIa

IX → IXa
VIIIa
PF3
X → Xa
Va
PF3

プロトロンビン → トロンビン

フィブリノーゲン → フィブリン

材料表面

血小板系

ADP
トロンビン
トロンボキサン A₂

血小板

粘着

活性化
凝集

図 6.2（a）　血栓形成反応

古典経路　　　　　　　反応の開始　　　　　　第二経路

抗原抗体複合体		病原菌体表面

補体系の初期因子

C1　C4　C2		C3　B　D

C3/C5 転換酵素

C4a C3a，C5a	C3b	補体最終成分 C5b　C6　C7 C8　C9
ペプチド性炎症伝達物質 貪食細胞の動員	貪食細胞上の補体 レセプターへの結合	膜侵襲複合体， 病原菌や細胞の融解
	病原体のオプソニン化 免疫複合体の除去	

図 6.2（b）　補体系の反応経路

表 6.1　ヒトの血液の組成

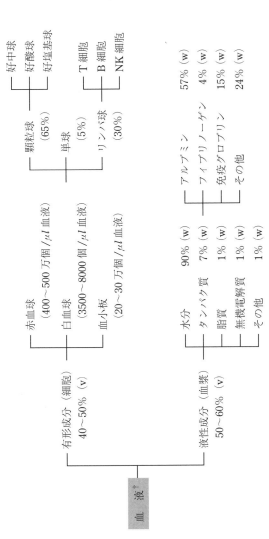

血液[†]

有形成分（細胞）40〜50% (v)
　赤血球　（400〜500 万個 / μl 血液）
　白血球　（3500〜8000 個 / μl 血液）
　　顆粒球（65%）
　　　好中球
　　　好酸球
　　　好塩基球
　　単球（5%）
　　リンパ球（30%）
　　　T 細胞
　　　B 細胞
　　　NK 細胞
　血小板　（20〜30 万個 / μl 血液）

液性成分（血漿）50〜60% (v)
　水分　90% (w)
　タンパク質　7% (w)
　　アルブミン　57% (w)
　　フィブリノーゲン　4% (w)
　　免疫グロブリン　15% (w)
　　その他　24% (w)
　脂質　1% (w)
　無機電解質　1% (w)
　その他　1% (w)

† 各組成の成分量や比は個人差がある．

材料表面に吸着したタンパク質の状態（吸着種，吸着量，配向構造など）を細胞が認識し，その情報がその後の細胞レベルの反応に伝達されるためである．

　バイオマテリアルに要求される機能として，先ず生体によるこれら異物認識反応を回避できる機能を有することが挙げられる．例えば，血液は材料などの異物と接触すると血栓を形成するが，この血栓形成は生命活動を営む上ではなくてはならない反応である．しかし，医療材料を用い治療を行うときにはその妨げとなる．従って，バイオマテリアルに求められる機能の1つとして，**血液適合性**が挙げられる．現在は，ヘパリンなどの抗凝固剤を投与することにより，ポリ塩化ビニル，シリコーン，ポリスルホンなどの汎用高分子が医療に用いられている．しかし，抗凝固剤の長期使用は溶血，アレルギー反応などの副作用を生じるなどの問題があり，抗凝固剤を用いないバイオマテリアル，あるいはその使用量を低減できるバイオマテリアルの開発が求められている．

　一方，材料と生体との接触により激しい**免疫反応**や**炎症反応**などの拒絶反応が起こることも知られている．このような免疫応答は，一般に病原菌や異物の認識から始まり，次いでそれらを排除するような反応を行う生体反応である．免疫応答はさまざまな細胞と，それが作り出す可溶性の因子から成り立っている．中心的な役割を果たすのは白血球であるが，他の組織細胞もリンパ球にシグナルを送ったり，リンパ球やマクロファージが遊離するサイトカインに反応するなど，全体として免疫反応に関与している（図6.3）．また，体液性免疫応答として免疫グロブリンが病原菌や異物と結合すると，炎症反応や免疫反応と直接あるいは間接的に作用する補体を活性化することもある．**補体系**には，古典経路と第二経路の2つの活性化経路がある（図6.2 (b)）．人工透析中に透析膜と白血球の接触により白血球が刺激を受けると白血球から活性酸素が産生され，動脈硬化など疾患の原因になると指摘されており，バイオマテリアルにはこのような免疫系を活性化しない機能も要求される．材料自体に毒性がないことはいうまでもないが，さらに血液適合性や免疫系を活性化しない，いわゆる**生体適合性**がバイオマテリアルには求められている．

● タンパク質吸着 ● ●

　先にも示したが，生体内でのさまざまな反応は，材料表面へのタンパク質の吸着から起こる．つまり，バイオマテリアルを設計する上での1つの重要な指針は，材料への**タンパク質吸着**をいかに抑制するかである．血栓形成反応は，

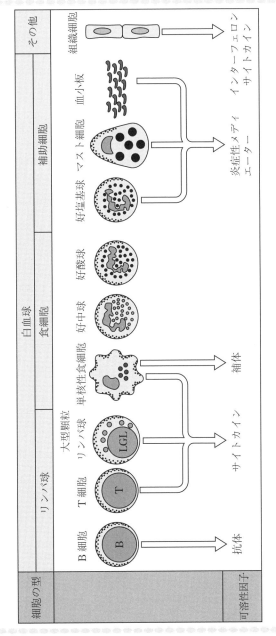

図 6.3 免疫系細胞

凝固因子のカスケード反応による不溶性フィブリンの生成と，血小板の凝集による白色血栓の生成によることを示したが，材料表面での血栓形成には特に材料への血小板粘着が重要となる．血漿タンパク質の主成分，アルブミン，免疫グロブリン，フィブリノーゲンの中で特にフィブリノーゲンが血小板の凝集に関与することが明らかになっており，フィブリノーゲン吸着を抑制する材料表面の設計がなされてきた．

　また，既に1900年代には疎水性材料であるシリコーン表面で血液の凝固が抑制されることが見出されていたが，このように表面自由エネルギーの低い材料表面を設計することによりタンパク質の吸着を抑制しようとする研究も数多く行われた．しかし，必ずしも血液適合性表面は表面エネルギーのみで規定されるものではないことが多くの研究から明らかとなり，単純に高分子表面の物理化学的特性を変えるだけでは血液成分との相互作用を制御することは不可能であることがわかった．

● 優れた生体適合性材料 ● ●

　以下には，これまでに優れた生体適合性材料として認められているバイオマテリアルについて紹介する．

　高分子表面の親水性／疎水性，結晶／非晶などのミクロなドメイン構造を制御することにより，優れた血液適合性を有するバイオマテリアルの合成が可能であることが明らかになった．このミクロ相分離構造のドメインサイズは重要な因子で，2-ヒドロキシエチルメタクリレート（HEMA）とスチレン（St）とのブロック共重合体のミクロドメインの幅が25 nmのとき非常に優れた血液適合性を示した．これはHEMA-St共重合体表面で血漿タンパク質がミクロドメインを認識し吸着するためであり，アルブミンは選択的に親水性ドメインに吸着し，免疫グロブリンは疎水性ドメインに吸着するためである．その結果，ドメインに対応して血小板膜上のタンパク質が相互作用を形成するため，ミクロドメイン表面では結合力が分散され血小板の活性化が抑制されることが見出された．また，結晶／非晶表面のようなミクロ相分離構造でも同様な効果が確認でき，ドメイン間の表面自由エネルギー差が大きいことが重要であることが明らかになった（図6.4）．

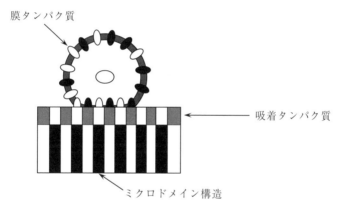

$$-(\text{CH}-\text{CH}_2)_a-(\underset{\substack{| \\ \text{C}=\text{O} \\ | \\ \text{OCH}_2\text{CH}_2\text{OH}}}{\overset{\text{CH}_3}{\text{C}\text{H}}}-\text{CH}_2)_b-(\text{CH}-\text{CH}_2)_a-$$

St   HEMA   St

HEMA–St 共重合体

膜タンパク質

吸着タンパク質

ミクロドメイン構造

図6.4 ミクロドメイン構造をとる高分子

6.1.2　含フッ素ポリイミド

　耐熱性，高強度，高弾性，低誘電率，低熱膨張率など多様な特性をもつポリイミドは，電子材料，宇宙工学材料を始めさまざまな分野で用いられている機能性高分子材料である．ポリイミドは従来その機能から考えるとバイオマテリアルとは対極に位置する高分子材料と考えられていた．

　しかし，ポリイミド構造を制御することにより医療材料としても応用可能性であることが示された．フッ素基を含み有機溶媒可溶な含フッ素ポリイミドは，従来のポリイミドがもつ性能を維持しながら優れた生体適合性も併せ持つことが明らかになった．含フッ素ポリイミドで見られる良好な生体適合性は，そのポリイミドが持ついくつかの特性が組み合わされることにより発現されていると考えられている．含フッ素ポリイミド表面の特徴をまとめると

　(1)　含フッ素ポリイミドの疎水性表面

　(2)　低いポリイミド表面のゼーター電位

　(3)　ポリイミド表面へのイオン吸着

となる．ポリイミド表面への血漿タンパク質の吸着量を測定してみると，タンパク質間の競争反応により免疫グロブリンが選択的に吸着させることがわかった．特にグロブリンの配向吸着が，生体適合性に大きく寄与していることが明らかになった（図6.5）．

　含フッ素ポリイミド表面への血液細胞の粘着評価を行った結果を図6.6に示す．血小板は血液適合性に大きな影響を与える細胞であり，また，好中球は白血球細胞の中で炎症に最も関与する細胞であるが，写真からわかるように，いずれの細胞も含フッ素ポリイミド表面への粘着量は少なく，含フッ素ポリイミドの良好な血液適合性と免疫系活性化の抑制が認められた．

6.1.3　親水性ポリマー

　ポリマーマトリックス中に水を多く含む**親水性ポリマー**や含水率が高い長鎖が，血漿タンパク質の吸着量や血小板の粘着量を抑え，補体系の活性化も抑制することが報告されバイオマテリアルとして盛んに検討されている．代表的なポリマーに**ポリエチレンオキサイド**（PEO）があり，PEOで既存の高分子表面を修飾することによりバイオマテリアルとして利用する方法がとられている．PEOは水溶性でしかも運動性が高いため，PEO鎖の排除体積効果によりタンパ

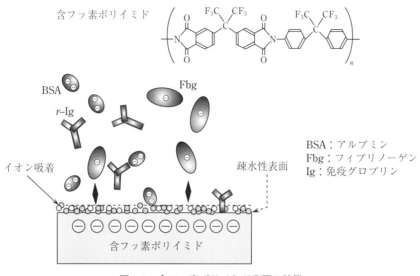

図 6.5　含フッ素ポリイミド表面の特徴

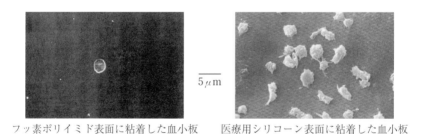

フッ素ポリイミド表面に粘着した血小板　　医療用シリコーン表面に粘着した血小板

フッ素ポリイミド表面に粘着した好中球　　医療用シリコーン表面に粘着した好中球

図 6.6　高分子膜表面に粘着した血小板と好中球を
走査型電子顕微鏡で観察した写真

ク質が吸着しようとしても排除されてしまい，タンパク質吸着を抑制すること
が明らかになった（図 6.7）．しかし，生体適合性に優れた PEO 表面を構築する
には，PEO の分子量の検討や，PEO をどの程度表面に修飾するか（表面密度），
また含水率をどのレベルに設定するかなど，PEO 導入に関し多くの最適化を行
う必要がある．

6.1.4　生体膜類似表面

　これまで紹介してきたバイオマテリアルはすべて合成高分子からなり，主に
タンパク質の吸着を抑制したり，あるいは特定のタンパク質を吸着させること
により血液適合性などの生体適合性を獲得している．
　一方，生体内の血管内皮表面は血栓を形成しない最も理想的な血液適合性表
面である．この表面は生体膜から構成されているため**生体膜類似表面**ができれ
ば優れた生体適合性を示すと考えられる．
　生体膜はリン脂質が互いに向かい合い高度な配向構造をとる二分子膜からな
る．つまり，リン脂質極性基を高分子側鎖に導入することができれば生体膜類
似表面が形成されることになる．2-メタクリロイルオキシエチルホスホリルコ
リンを用いた**リン脂質高分子**が合成され，優れた生体適合性が確認された（図
6.8）．この機構は，リン脂質高分子が血液と接すると先ず血漿中のリン脂質が
リン脂質高分子表面に優先的に吸着し，吸着されたリン脂質の自己組織化の特
性により表面にリン脂質由来の組織化吸着層が形成される．これがあたかも血
管内皮表面と同様な構造をとるため優れた生体適合性を示すと考えられている．
　他にも，ヘパリン，ウロキナーゼ，トロンボモジュリンなどの生理活性物質
を高分子材料表面にイオン結合，共有結合などで固定化し，バイオマテリアル
として用いる検討が行われている．

●6.2　人工臓器●

　我々の臓器が病気になり生体機能を維持することができなくなったとき，生
体臓器を他の臓器で置き換える必要が生じてくる．治療法の 1 つとしては他の
人より生体臓器の提供を受ける**臓器移植**がある．もう 1 つは人工的に作られた
臓器を使う**人工臓器**による治療法がある．いずれも人間が本来持っていた組織
や臓器を，他の組織や臓器と入れ替えることで延命を図り，あるいは疾病によ

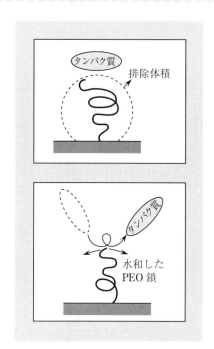

図 6.7 PEO 鎖によるタンパク質の吸着の抑制

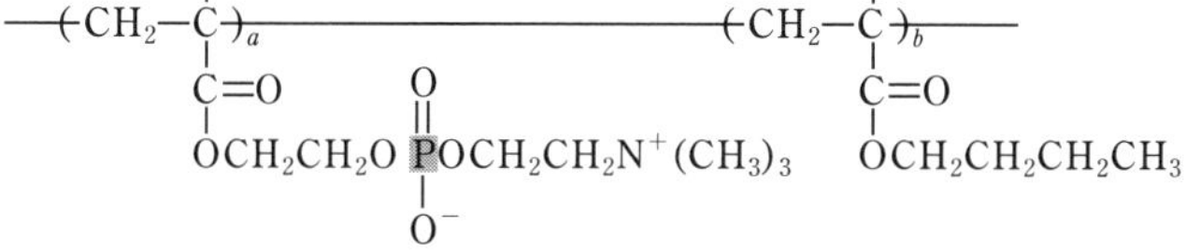

$$\underset{a}{-(\mathrm{CH_2-C})-} \quad \underset{b}{-(\mathrm{CH_2-C})-}$$

図 6.8 リン脂質高分子

る機能障害を補おうとするものである.

　欧米ではこの50年間臓器移植が広く行われており,既に日常的な治療法として定着している. 日本でも1997年「臓器移植法」が施行され,徐々にではあるが臓器移植が治療法の1つとして浸透してきた. しかし, 臓器移植のドナー不足は深刻で, 臓器移植が有限個の生体臓器を利用しようとする医療である限り, その治療法には限界がある.

　一方, 生体臓器に匹敵する機能をもつ人工臓器が開発できれば, 臓器移植に比べ人工臓器は臓器の調達や保存・保管の面で格段に高い自由度を獲得できることになる. 現在, 人工臓器は脳および一部の内分泌器官を除いたほとんどすべての臓器で活発な研究が展開されている (**表6.2**). これら人工臓器のいくつかは既に臨床応用されており, 現在の高分子化学, エレクトロニクス, 分子生物学などの急速な進歩を考えると, さらに多くの人工臓器が臨床に用いられるようになると考えられる.

6.2.1　人工腎臓

　現在日本で最も広く使用されている人工臓器は**人工腎臓**である. 臨床に導入されてから既に70年がたち, 日本では35万人以上が, 世界中でも100万人以上が血液透析で生命を維持している. 日本では32%の患者が10年以上生存し, 透析30年以上という患者も多い.

　腎臓は分泌, 排泄を行う器官で, 腎臓で行われている血液中の不要物質の分離は生体膜を介した物質の移動により行われる. 腎臓は濾過により過剰な水を除去し, 拡散, 濾過, 再吸収を経て分泌という過程によりタンパク質の代謝物質や有害物質 (尿素, クレアチン, 尿酸など) を除去している. さらに, 浸透圧やpH値の調整, 電解質 (Na^+, K^+, Ca^+, Mg^+, Cl^-など) の調整, 赤血球数の調整, ビタミンDの活性化など腎臓は生体内環境の恒常性維持機構を担っている臓器である.

　人工腎臓は生体腎の生体膜と同じように, 高分子膜を用いて腎臓機能の代行を行うものである. 人工腎臓の主な仕事は,

　(1) タンパク質代謝産物の除去
　(2) 血清イオン, 血液酸-塩基平衡の是正
　(3) 体内過剰水分の除去

表 6.2 人工臓器に用いられている代表的な高分子

	高分子材料		高分子材料
コンタクトレンズ	PMMA	人工腎臓	セルロース，酢酸セルロース，
眼内レンズ	PMMA		ポリ(エチレン−ビニルアルコール)，
人工歯・義歯	PMMA		PMMA，ポリスルホン（体外
むし歯充填材	メタクリル酸誘導体ポリマー		循環）
人工食道	ポリエチレン/天然ゴム	人工血管	ダクロン（ポリエステル），ゴアテックス（延伸テフロン）
人工心臓	ポリウレタン，シリコーン	人工股関節	金属/超高分子ポリエチレン
		人工指関節	シリコーン
人工肺	多孔質ポリプロピレン（体外循環）	人工膝関節	金属/超高分子ポリエチレン
人工乳房	（シリコーン）	人工骨	アルミナ/ヒドロキシアパタイト
人工肝臓	活性炭，ポリマービーズ	人工髄	シリコーン

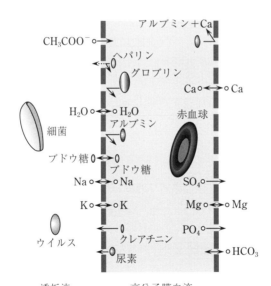

図6.9 人工透析のしくみ

（4）pH調整

であり，生体腎に比べるとその機能はかなり限定されていることがわかる．

また，人工腎臓は分離するタンパク質などの対象物質により異なる高分子膜を使用する（図6.9，p.157）．

血液透析は血液中の尿素，クレアチニン，水などの低分子物質から低分子量タンパク質までの分子量領域の物質の分離除去が可能な高分子膜を用いる．一方，**血漿分離膜**では血液から血漿成分をできるだけ効率よく，かつ，赤血球を損傷させることなく分離する高分子膜が要求されている．**血漿成分分離膜**は，分離された血漿中のアルブミンのような比較的分子量の小さい有用タンパク質とグロブリン以上の分子量が大きい有害タンパク質を分離する高分子膜が用いられている．血漿分離膜の孔径が $0.2 \sim 0.6\,\mu m$ であるのに対し，血漿成分分離膜は $0.01\,\mu m$ 程度の孔径が要求される．

血液透析膜で用いられるセルロース膜と合成高分子の構造式を図6.10に示す．膜素材としてはこれまでセルロース系を中心に用いられてきた．しかし，セルロースにより分離できない微量な代謝物質の蓄積によりさまざまな疾患が報告されるようになり，より孔径が大きい血液透析膜が要求されるようになっている．特に，β_2ミクログロブリン（分子量 11,800）の体内蓄積が手根幹症候群の原因物質であることが明らかとなり，分子量が大きい物質の分離に適さないセルロース膜は現在，合成高分子膜が主流となっている．

また，長期透析患者の増加に従いさまざまな疾患や，患者の高齢化による合併症など新たな問題も指摘されている．1つの解決策は，分離性能を向上させタンパク質代謝物質の除去能の高い高分子膜を合成することである．また，長期透析患者の増加により，これまで以上に材料の生体適合性の重要性も増している．例えば，セルロース膜を用いた血液透析では，補体系の活性化により透析開始15分程度で白血球の一時的な低下現象が知られている．

また，抗凝固剤であるヘパリンの長期使用による脂質代謝や骨代謝異常，血小板機能亢進症などの副作用も報告されており，ヘパリンを使わない，あるいはその使用量を極力抑えることが可能な血液適合性を持ち，かつ生体適合性に優れた血液透析膜の開発が今後の重要な課題である．

再生セルロース RC	(structure)	銅アンモニウムセルロース(1) 脱酢酸セルロース(2)
セルロースジアセテート CDA	(structure)	R=COCH$_3$
セルローストリアセテート CTA	(structure)	R=COCH$_3$
ポリアクリロニトリル PAN	(structure)	
ポリメチルメタクリレート PMMA	(structure)	it–PMMA st–PMMA
エチレンビニル アルコール共重合体 EVA	(structure)	
ポリカーボネート・ ポリエーテル PC–PE	(structure)	
ポリスルホン PS	(structure)	
ポリエーテルスルホン PES	(structure)	

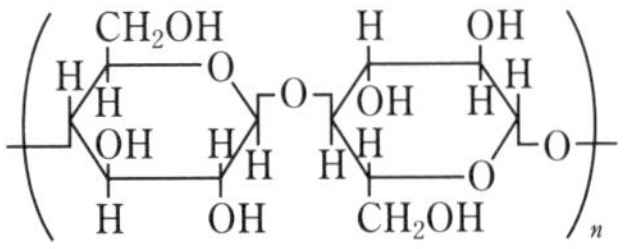

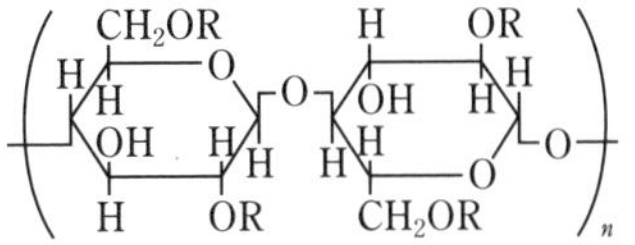

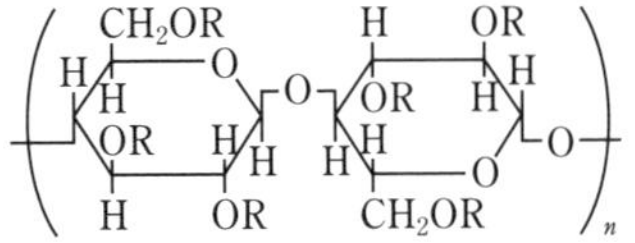

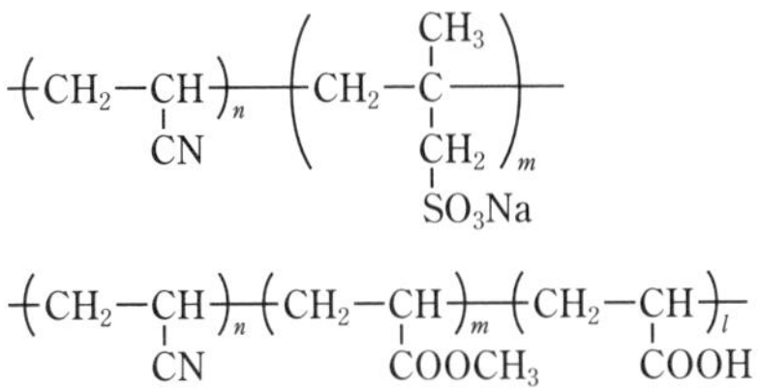

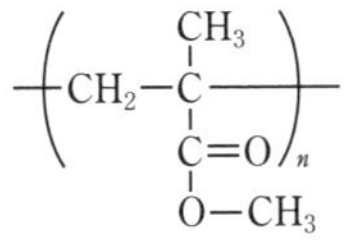

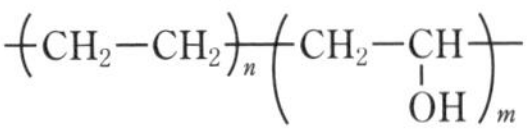

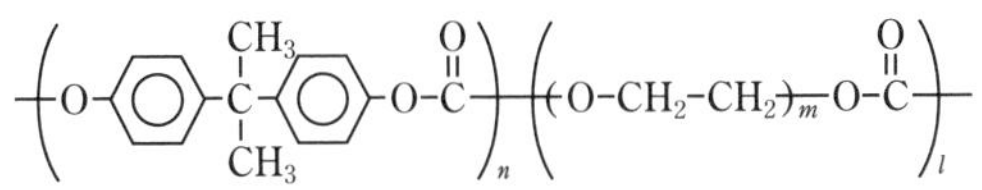

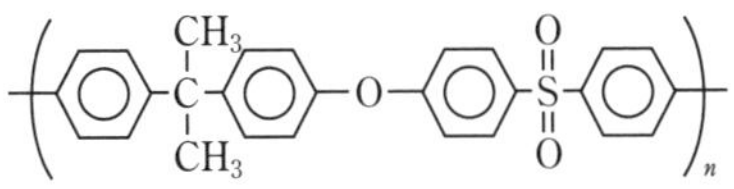

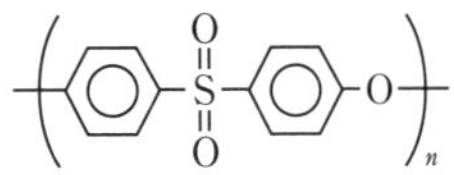

図 6.10　セルロース膜と合成高分子の構造式

6.2.2　人　工　肺

● 体外循環方式 ● ●

　肺の機能は主に，血液中への酸素富化と血液中の二酸化炭素除去である．血液中の赤血球は直接空気とは接触せず，肺胞膜を介し酸素と結合する．初期の**人工肺**は，血液と酸素を直接接触させ，酸素と二酸化炭素のガス交換を行っていた（気泡型人工肺）．しかし，このような人工肺は血液に対するダメージが大きく，現在はほとんど用いられていない．代わって使用されるようになったのは，生体肺と同様に膜を介してガス交換を行う**膜型人工肺**である（図6.11）．

　人工肺は主に心臓疾患治療時に使用される．心臓に直接外科的処置を施す手術では，心臓と肺に流れている血液を遮断する必要がある．そのため，心臓手術中は全身を流れる血液を**体外循環**させることにより，心臓と肺の機能を代行させ手術中の患者の生命を維持しているのである（図6.12，p.163）．このとき，血液中への酸素の富化と二酸化炭素の除去を行うのが人工肺である．心臓外科手術は1960年代より世界中で行われるようになり，現在では年間100万症例程度にも上がっている．

　膜型人工肺は，用いる膜の形態により多孔質膜，緻密膜，複合膜，非対称膜の4種類に分けられる．その中で現在，臨床上最も使用されているのは多孔質ポリプロピレン膜（PP）を用いた人工肺である．PP膜の利点をまとめると

（1）微細孔を有しているため極めて高いガス交換能が得られる

（2）結晶性高分子であるため強靱な膜を作製できる

（3）中空糸膜形成が可能である

となる．PP膜は疎水性であるため短時間（8時間程度）の体外循環では微細孔からの血液の漏れはなく，安全に施行されるレベルにある．しかし，時間の経過に伴い膜表面が親水化され，血液が漏れ始める．さらに，微細孔と血液の接触があるため非生理的であり，血液適合性を含めた生体適合性に劣るため術後の治癒に問題がある．

　シリコーン膜は，高分子の中でトリメチルシリルプロピン膜に次いで高い気体透過性を示すため，高いガス交換能を示す人工肺として検討されてきた．また，緻密膜であるため生体類似のガス交換機構に従い，生体肺に近い人工肺ともいえる．しかし，シリコーン膜は強度が低いことから膜の薄膜化が困難であり，その結果，十分なガス交換能を得ることはできない．しかし，多孔質膜に

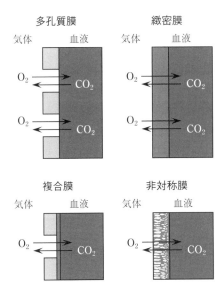

図 6.11　膜型人工肺の構造

比べ血液の漏れがないため，長期使用を目的とした体外式心肺システム（ECMO）として急性呼吸不全患者の呼吸補助装置として用いられている．

複合膜は，多孔質膜，緻密膜の欠点を補うため開発された人工肺で，多孔質PP膜表面にシリコーンの薄膜（0.1 μm）をコートした膜である．ガス交換能の向上と，血液の漏れを防ぐことを目的として開発された膜である．多孔質膜は8時間以降に激しい血液の漏れが見られるのに対し，複合膜では24時間血液の漏れはなく，ガス交換能も良好な結果を示している．しかし，シリコーン膜の薄膜化は既に限界の領域にきており，これ以上の薄膜化は困難であるといわれている．

非対称膜も複合膜と同様に，多孔質膜や緻密膜で見られる欠点を補うために開発させた膜である．非対称膜は，膜表面が無欠陥な緻密層からなるスキン層と，それを支える支持体の役割を果たしている多孔質層からなる膜構造から形成されている．複合膜と同じように，ガス交換能の向上と，血液の漏れを防ぐことを目的とした膜である．従って，無欠陥表面のスキン層をどれだけ薄く作ることができるが，非対称膜の性能を決定することになる．

● 埋め込み型 ● ●

これまで述べてきた膜型人工肺はすべて体外循環方式により患者の呼吸を管理する方法である．体外循環方式は既に確立された呼吸管理法であるが，今後人工肺装置の高性能化と小型化が進むと，将来的には埋め込み型の人工肺に研究の対象は移ると考えられている．既に，新しい膜型人工肺による従来法の呼吸管理システムとは異なる呼吸管理法が進められている．より簡便で安全性の高い新しい呼吸管理法の1つとして，血管内に膜型人工肺を直接埋込む方法がある（図6.13, p.165）．この方式は**大静脈内留置型膜型人工肺**（IVOX）といわれ，臨床検討が行われている膜型人工肺である．IVOXは特別な器具や技術を必要とせず生命維持が出来る点で画期的な呼吸管理法である．既に述べた複合膜を用いIVOX用中空糸膜が検討されているが，現状のIVOX材料では生体肺を完全に置換するほどのガス交換能はなく，その生体適合性も低い．長期の埋め込み型人工肺を想定した場合，極めて高いガス交換能と生体適合性を併せ持つ膜材料の開発が不可欠である．

埋め込み型人工肺を設計する上で最も重要となることは，人工肺のガス交換能である．体外循環方式と異なり，埋め込み型は膜型人工肺の表面積が制限さ

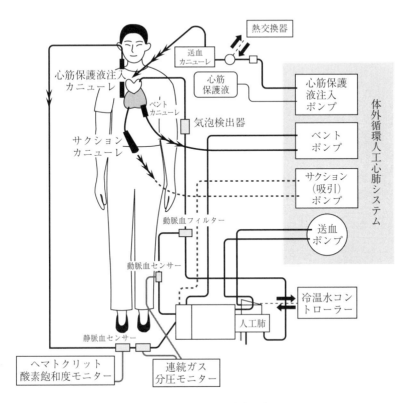

図 6.12　人工心肺の基本回路図

れるため，従来膜のガス交換能を遥かに超えるガス性能を実現できないと実用化は難しい．1 つの方法として，表面が完全に無欠陥で極めて薄いスキン層からなる非対称膜を作製することである．非対称膜のガス交換能は表面スキン層のみに依存し，薄膜化によりガス交換能は増大，しかも無欠陥であるため血液の漏れも起こらないという特徴をもっている．既に含フッ素ポリイミド非対称膜で IVOX 材料への可能性が検討されている．

6.2.3　人工血管

　血管は体の隅々まで行き渡り，酸素や水分，栄養分を細胞や組織に輸送したり，代謝物質の運搬や排泄などを行っている臓器である．また，体温などの恒常性の維持や，侵入したウイルスなどを白血球や抗体を動員し排除するなど生命活動を正常に維持するためのさまざまな働きを担っている．血管は層状構造をとり，表面に血管内皮細胞，その内側に平滑筋細胞，そして血管形成に関与する外膜層からなっている．

　いうまでもなく血管は血液と常に接するため，**人工血管**を開発する上で最も考慮すべきことは血栓形成を長期間にわたりいかに抑えるかということである．もし，血管内に血栓が形成され閉塞が起こると，血管内を通るさまざまな成分の輸送がストップし，下流にある組織は壊死することになる．

　現在広く使用されているのは内径 6 mm 以上の**大口径人工血管**である．高分子材料のポリテトラフルオロエチレン（PTFE）やポリエチレンテレフタレート（PET）が人工血管として用いられている．これら材料は特に優れた血液適合性を持ち合わせていないため，このまま血管として用いると直ちに血栓が形成され，血管の閉塞が起こることになる．そこで，PTFE，PET を予め自己の血液で処理し，表面に血栓膜を形成させる．その後，移植することにより血栓は起こらず，血管内皮細胞が徐々に表面を覆うようになり長期にわたる開存が可能となる．現在，大口径人工血管は既に臨床で用いられている．

　しかし，これより細い人工血管の場合は血管内皮細胞が増殖する前に血栓膜が積層し閉塞してしまうため，既存の高分子材料で人工血管を開発するのは難しい．最近特に多い心臓の冠動脈は内径 3 mm 程度であるため，このような**小口径人工血管**を開発するためのさまざまな試みがなされている．内径 3 mm 程度の小口径人工血管を開発するためには，優れた血液適合性を持ち，血管内皮

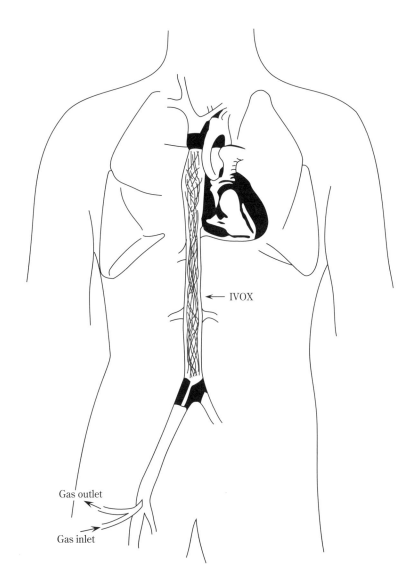

図 6.13　大静脈内留置型膜型人工肺（IVOX）

細胞の被覆を必要としないバイオマテリアルが必要となる.

　ミクロドメイン構造を持つブロック型あるいはグラフト型高分子共重合体が優れた血液適合性を示すことは既に述べたが, 既存の人工血管上にこれら高分子をコーティングする小口径人工血管が検討されている. この人工血管で動物実験を行うと, 埋め込み後 1 年以上経過しても血管は開存していないことが確かめられた. 人工血管の内側はタンパク質に覆われていたが, その厚さは 200 Å 程度であり, 計算上はタンパク質が単分子で吸着していることが明らかになった. また, 細胞膜類似構造を持つリン脂質高分子も動物実験の結果, 表面には血栓の形成は認められず, 十分な血流も確保されていることが明らかとなっている.

● 6.3　バイオ人工臓器 ●

　イモリやオタマジャクシは失った手足を再生することができるが, ヒトも同じように失った組織や臓器を再生できないだろうか. このような研究は**ティッシュ・エンジニアリング**（日本語では**組織工学**, あるいは**再生医工学**と訳される）と呼ばれ, 生物組織を医学的, 工学的に再生しようとする試みであり, 失った組織・臓器を再生, 保持, 修復しようとする研究が進められている（図 6.14, 詳細は 6.4 節 再生医療で説明する）.

　組織工学の基本的な考え方は, 細胞（あるいは胚性幹細胞）や成長因子のような生理活性物質を高分子材料に組み込み, 特定の組織を再生しようとするものである. 特に細胞, 細胞の成長因子, 細胞の足場となる基材の 3 つが重要といわれている. 万能細胞である胚性幹細胞からさまざまな細胞を作り出すことができると, 薬では根本的な治癒が望めず, また, 臓器移植も提供者がいない患者に対して患者自身の細胞から臓器自体あるいはその働きを補強する細胞を試験管内で作り出すことができるようになる. 組織工学で上手く臓器が再生できると, 臓器移植で問題となる免疫拒否反応の心配がかなり低減される. 現在, 組織工学の中で技術的に最も進んでいるのは人工皮膚である. 人工皮膚は既に商品化もされているが, 人工肝臓, 人工腎臓などより複雑な臓器でも研究は進められている. 組織工学の延長上には, 21 世紀の医療がとてつもない変化を遂げるにちがいないということを予感させるものがある. ここでは人工臓器と細胞等の生物由来材料とのハイブリッド化に関して解説する.

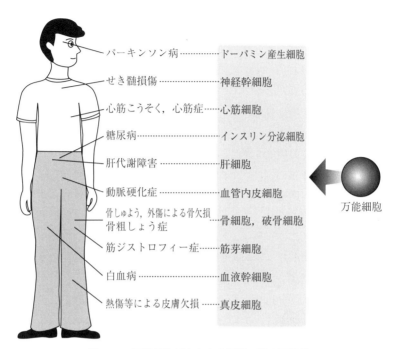

図6.14　万能細胞がもたらす組織工学の可能性

6.3.1　バイオ人工肝臓

　肝臓は解毒，代謝，排泄などを担う生体内最大の代謝器官であり，最も複雑な臓器として知られている．人工物のみで肝臓の機能を再現するのはほとんど不可能であるため，肝細胞と高分子基材がハイブリッドした**バイオ人工肝臓**の検討が進められている．バイオ人工肝臓を開発する上で必要となる条件を簡単にまとめると以下のようになる．

（1）肝細胞の高密度培養

（2）肝細胞の大量培養

（3）肝細胞が長時間機能を維持

　一般に，肝細胞は in vivo（生体内）では旺盛な増殖能を示すが，in vitro（生体外）ではほとんど増殖せず，しかもその代謝機能は数日のうちに失われることが知られている．つまり，（1）～（3）の条件を克服するのは極めて困難であることがわかる．そこで，新しいバイオマテリアルや，細胞の接着や形態に影響を与える細胞外マトリックスを導入した生体高分子，合成高分子を用いることにより肝細胞の培養を改善させる試みがなされている．

　例えば，より肝細胞を in vivo の環境に近づけるため，肝細胞を2つの層で取り囲んで培養するサンドイッチ型肝細胞培養法や，肝細胞の単位面積当たりの数を増やすためマイクロキャリア培養法，また，肝細胞の高い機能発現を目指して分散した肝細胞を組織的に構築するスフェロイド培養法などが試みられている（図 6.15）．

　バイオ人工肝臓の形態も様々なタイプが検討されている．最も基本的な構造は中空糸膜を用いる方式で，膜内に肝細胞を充填し，中空糸膜中に血液を流し中空糸膜を介して代謝を行うものである．また，平板状に肝細胞を単層培養し，これを積層させることによりモジュール化したバイオ人工肝臓も報告されている．

　バイオ人工肝臓の実現にはまだまだ解決しなければならない多くの問題が残されているが，既に海外では臨床応用も検討されており，今後より多くの要素を取り入れながら完成度の高いバイオ人工肝臓の開発が進められると考えられる．

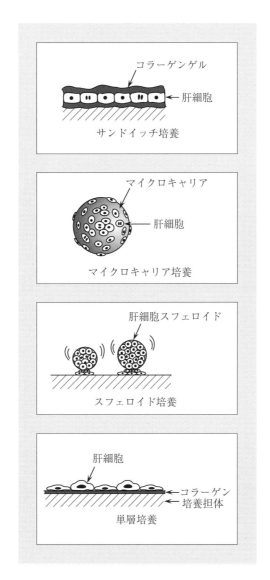

図 6.15　肝細胞の培養方法

6.3.2　バイオ人工腎臓

　ヒトの腎糸球体では 1 日に 150 l 以上の濾過が行われているが，尿細管での再吸収，分泌，濃縮により最終的には 1.5 l 程度の尿が排泄されている．腎糸球体は人工腎臓に比べ多量に濾過を行うことができ，さらに体に必要な物質を再吸収し不要物質のみを排泄する機能を有している．より生体腎に近い機能を実現するには，糸球体機能をもつ**バイオ人工腎臓**の開発が必要不可欠となる．つまり，1 つの方法としては尿細管上皮細胞と高分子膜をハイブリッド化させたバイオ人工腎臓を開発することである．

6.3.3　バイオ人工血管

　6 mm を超える大口径人工血管は既に臨床応用されている．**ポリテトラフルオロエチレン**（PTFE）や**ポリエチレンテレフタレート**（PET）を予め自己の血液で処理し，表面に血栓膜を形成させ，その後移植することにより血管内皮細胞を表面に覆わせることにより長期間の開存が可能となっている．しかし，小口径人工血管はこのような方法では閉塞してしまい，利用することができない．

　血管は既に説明したように三重構造をとり，血液と接する面が血栓を形成させない血管内皮細胞の単層からなっている．この外側には平滑筋細胞と細胞外マトリックス（コラーゲン，エラスチン，ムコ多糖など）からなる中膜があり，さらにその外側に線維芽細胞などからなる外膜がある．この血管の三層構造に着目し，ポリウレタン上に人工細胞外マトリックスを修飾した高分子材料を設計，内皮細胞，平滑筋細胞，線維芽細胞を組み込んだ三層構造を in vitro で細胞操作し，in vivo に移植することにより血管壁が再構築される**小口径バイオ人工血管**が検討されている．

　また，多孔質高分子材料の細孔にゼラチン，ヘパリン，塩基性線維芽細胞増殖因子（毛細血管を強く誘導する作用がある），血管内皮細胞増殖因子などを封入し徐放することにより，内皮細胞が増殖しやすい環境を作り出し，バイオ人工血管へ応用する試みもなされている．

ポストゲノムが目指すところ

　1953年ワトソンとクリックによりDNAの二重らせん構造が発見されてから，生命科学の進歩はまさに怒涛の勢いである．この発見は20世紀の生命科学の分野で最もインパクトを与えた研究であったが，医学の分野への影響も図り知れないものがあった．

　2000年にはヒトゲノムプロジェクトにより，DNAの塩基配列に関する膨大な情報が解読されゲノムシークエンスがほぼ明らかにされた．ポストゲノム時代に突入した21世紀は，ゲノム情報の解析とタンパク質の構造や機能（プロテオームと呼ばれる）の解析，さらにはゲノム・プロテオーム情報の機能を発現させる場である細胞の機能や組織の機能の解析に研究の対象がシフトすることになろう．ゲノム情報やプロテオーム情報を解析する新しい研究領域として生命情報科学（バイオインフォマティクス）も注目されている．バイオインフォマティクスの分野からは多くの成果が期待されており，21世紀のバイオ産業の分野で世界のトップランナーとなるためには，生命情報を大量かつ正確に収集することが鍵となる．とりわけ大きな期待が寄せられているのが，医薬品の開発の分野である．これらは『ゲノム創薬』と呼ばれ，ゲノム解析されたデータに立脚したアプローチから，副作用が少ないテーラーメイド医療を目指すものである．

　また，バイオインフォマティクスから得られる情報の発現の場として最も重要となるのが細胞や組織である．これらプロファイルを総合的に把握し理解できるようになると，細胞の増殖や分化などの操作技術，移植技術が向上し，幹細胞を用いた再生医療が現実味を帯びてくる．

　ポストゲノムは，医療の分野で大きなパラダイムの変革を起こすことが期待されている．

●**6.4　再 生 医 療**●

　生物，医学，工学が融合した研究分野がバイオテクノロジーと言われてきた
が，ここに細胞が加わり，それを治療の中心に据えたものが**再生医療**である．再
生医療には大きく分けて 4 つの領域がある．

- (1)　**細胞治療**（細胞を移植して治療する）
- (2)　**組織工学**（細胞周辺の環境を整えることで細胞の集合体を作り，そこ
  から臓器を再生する）
- (3)　**創薬研究**（細胞の集合体で臓器機能の一部，特に肝臓，を再生し，そ
  の臓器を用いて薬の効果を検討する，あるいは薬のスクリーニングを行う）
- (4)　**遺伝子治療**（不全の臓器に対して遺伝子操作を行い，細胞機能の改変
  や調整，修復を行うことでの治療）

　(1) の細胞治療の代表的な治療は幹細胞を用いた治療や CAR-T 細胞治療など
がある（図 6.16）．幹細胞治療では，治療に用いる細胞数が足りないというこ
とがその治療を普及させる最大の課題となっている．**iPS 細胞**とは，細胞培養
から人工的に作る多能性の幹細胞のことで，山中教授らが世界で初めて iPS 細
胞の作製に成功し，2012 年にノーベル医学・生理学賞を受賞した．山中教授
らは，皮膚に 4 つの遺伝子を組み込むことで，あらゆる生体組織に成長できる
万能な細胞を作ることに成功した．これは，成熟した細胞を，多能性を持つ状
態に初期化することを示す画期的な発見であり，再生医療や創薬研究に役立つ
ことが期待されている．

　革新的な癌治療を提供する CAR-T 細胞治療とは，患者の T 細胞を体内から取
り出し，遺伝子医療（(4) とも関わる）の技術を用いて **CAR**（**キメラ抗原受容
体**）と呼ばれる特殊なタンパク質を表面に作り出した改変 T 細胞をいう．この
改変により CAR-T 細胞の CAR は，癌細胞などの表面に発現する特定の抗原を
認識し，攻撃できるようになる．この CAR-T 細胞を患者に投与することにより
難治性の癌を治療する療法が **CAR-T 細胞治療**である．

　(2) の組織工学を用いて再生医療を実現するには，

- (2-1)　細胞培養
- (2-2)　細胞の成長因子
- (3-3)　細胞の足場となる基材

の 3 つが特に重要となる．特に細胞を高密度かつ大量に培養し高度な機能を持

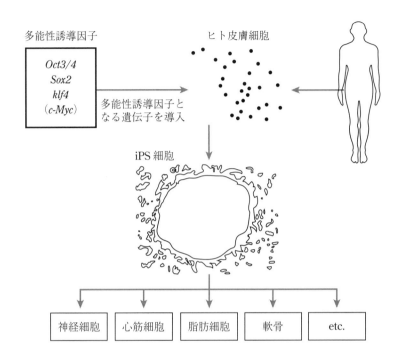

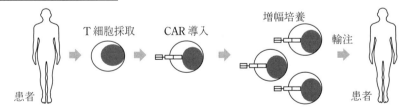

図 6.16　細胞治療で用いられる細胞

つ組織や器官を in vitro で得るには，細胞-基材間の相互作用をコントロールすることが重要である．相互作用は大きく分けると物理化学的作用と生物学的作用となる．物理化学的作用は，水素結合，イオン結合，疎水性相互作用などの非特異性相互作用であり材料自体の特性に大きく依存する．一方，生物学的作用は，生理活性物質の特異性を利用して，基材表面をこれら物質で修飾することにより細胞接着や増殖などを促進させる方法である．細胞接着タンパク質や人工細胞外マトリックスなどがこれにあたる．また，細胞の足場となる基材は細胞が増殖しその機能を発現するようになった後には，速やかに分解されることも求められている．生体内吸収性高分子は既に縫合糸などで利用されているが，その中でポリ乳酸を組織工学の細胞基材に用いる検討が盛んである．ポリ乳酸は分解速度の制御が容易であることなどがその理由であるが，機械的強度もあるため培養基材として細胞の足場を提供するには十分であると考えられている．しかし，組織工学をより発展させるには基材が持つ機能として分解速度だけでは不十分で，特定の細胞に特異性を持ち増殖を促進するような高分子材料の開発が必要となる．

　生分解性高分子を用いてあらかじめ立体的な三次元多孔体構造を作り，そこで細胞培養を行いながら臓器を作製，その後生分解性高分子の分解も促して臓器を再生する試みが検討されている（図 6.17）．さらには，**温度応答性高分子**を細胞培養皿として用い，温度の変化に伴い細胞の集合体をシート状で回収，積層することで臓器を作製する方法も提案され，既に実用化にも至っている（図 6.17）．細胞を 3D で得る方法としてはさまざまな作製方法が提案されているが，バイオ 3D プリンターを用いた方法や，剣山のように細胞塊を立体化する手法などが提案されている（図 6.18）．さらに，臓器の構造を正確に再現する方法としては，組織から細胞成分のみを除去する脱細胞化も実施されている．組織自体の構造や生体由来の細胞周囲成分を保持した状態で新しい細胞を播種し臓器を再生する方法である脱細胞化技術も既に一部実用化されている（図 6.19，p.176）．

　（3）の創薬研究のポイントは，細胞をできるだけ体内に近い環境で維持させることが重要となる．つまり細胞の三次元状態が維持された細胞塊が形成され，それが擬似的体内状態をとることができると，薬の効果や代謝過程，毒性などを正確に判定することが可能となる．そのような擬似的体内状態を人工的に作

生分解性高分子　　　　　　　　　温度応答性高分子

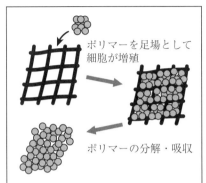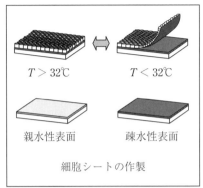

図 6.17　組織工学で用いられる高分子

バイオ 3D プリンター

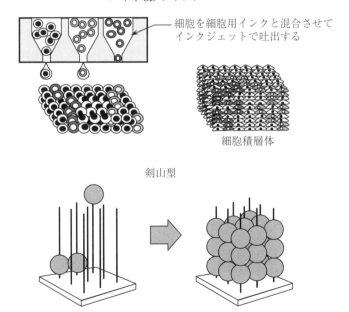

図 6.18　細胞の立体構造の作り方

製できれば，投与後に起こる副作用などを見通せる，あるいは抑制することができ，安全性の高い薬品の開発に繋がる．

（4）の遺伝子治療に関しては 6.5 節で詳しく述べる．

●6.5　薬物送達システム用材料●

生体内に薬が投与されると血液中の薬の濃度は高くなり，もし薬が患部に輸送されればその効果が確認されるようになる（図 6.20）．しかし，生体内では薬の代謝や排泄が速やかに起こるため薬の効果を高めるには，血液中の薬の濃度を維持する目的で頻回投与が必要となる．しかし，このような頻回投与法では血液中の薬の濃度は一定となることはなく大きな変動を伴った濃度変化を示すため，あまり有効な治療が期待できず，逆に副作用などをもたらすこともある．そこで『薬を標的部位（患部）だけに，必要量，必要な時間輸送する』薬物送達システムが考案された．このシステムは Drug Delivery System（DDS）と呼ばれており，現在高分子材料を用いて薬物送達システムを設計する試みが盛んに行われている．

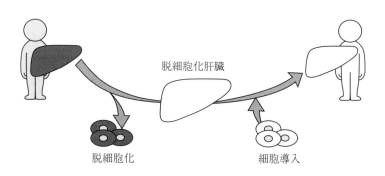

脱細胞化肝臓

脱細胞化

細胞導入

図 6.19　脱細胞化と細胞導入で臓器再生

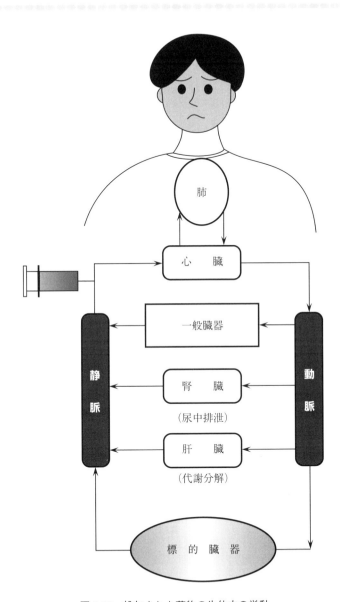

図 6.20　投与された薬物の生体内の挙動

6.5.1　DDS

● ターゲティング ● ●

　DDS で特に重要となるのは，いかに薬を標的部位のみに輸送するかということである．一般には**ターゲティング**と呼ばれる手法で薬を標的の病変部位に輸送する方法が考えられている．このターゲティングを実現する上で高分子材料は非常に便利である．ターゲティングでは，低分子の薬をキャリア（運搬体）に担持したり，キャリア中に包埋したりする方法がよく用いられるが，高分子材料はさまざまな物理的，化学的特性を持つため，キャリア設計を行う上で適した材料と言える（図 6.21）．ターゲティングとなる部位は大きく分けると 2つで，臓器，組織，細胞などの比較的大きな部位と，細胞内の核やミトコンドリアなどの小さい部位である．特に今後は，遺伝子治療などで細胞の核内への輸送が求められるようになるため，細胞内へのターゲティングが重要となろう．つまり，いかにこれら生体内の特定部位にキャリアを輸送できるかが DDS で最も求められていることである．その手法をまとめると以下のようになる．

(1) 生体の特定部位と特異的な相互作用をもつキャリア

(2) 外部（磁場や温度など）から刺激を与え特定部位に輸送するキャリア

(3) キャリアの物理化学的特性（大きさ，荷電状態，親水性・疎水性など）の利用

　また，特定部位へのターゲティングを実現する上で考慮すべきこととして，キャリアが目的部位に到達する前に，尿中から排泄されてしまうことと肝臓へ取り込まれてしまうことを避けるような分子設計が必要である（表 6.3）．

● 高分子微粒子 ● ●

　高分子微粒子内に薬を封入してキャリアとして用いる検討も数多くなされているが，この場合もキャリアが肝臓，腎臓などへ取り込まれることなく血液中を循環し目的の部位まで輸送されることが望まれている．例えば，微粒子が400 nm より大きく 3 μm より小さい場合は，微粒子キャリアは肝臓や脾臓に取り込まれ易くなる．しかし，もしこれら臓器に微粒子をターゲティングしたいのであれば，この程度の大きさをもつ高分子微粒子を用いればよい．また，5 nm以下の微粒子は腎臓から尿へ排泄されてしまう可能性があるため，血液中で長い時間キャリアを循環させるには 5 〜 200 nm 程度の大きさの微粒子が適している（図 6.22，p.181）．

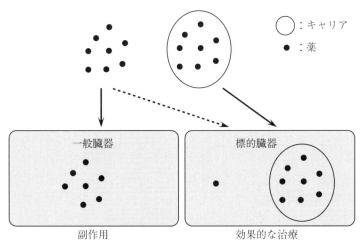

図 6.21 キャリアを用いたターゲティング

表 6.3 代表的高分子キャリア

特異的キャリア	抗体	モノクローナル抗体
	ペプチドホルモン	
	糖タンパク質	
	糖修飾高分子	
非特異的キャリア	天然高分子	
	タンパク質	アルブミン，グロブリン
	多糖類	デキストラン，プルラン，キチン，キトサン
	合成高分子	
	ポリアミノ酸	ポリリジン，ポリアスパラギン酸，ポリグルタミン酸
	ピラン共重合体	スチレン-無水マレイン酸共重合体

● 薬の放出制御 ● ●

　微粒子の中で最も代表的なキャリアは，細胞膜の主要成分であるリン脂質の集合体からなるリポソームである．2重層の脂質分子からなる閉鎖型小胞構造を形成するため，その内部に大きな空間をもつことができ，高濃度で薬を安定に保持することができる．

　マイクロスフェアーは高分子に薬を分散させた後，乳化重合，化学的架橋，放射線重合などの操作により固化させ調整したキャリアである．

　高分子ミセルも有望なキャリアである．疎水性や親水性などの明確に異なる特徴を高分子鎖中にもつグラフト高分子やブロック高分子は，高分子ミセルを形成する．従って，核となる疎水性部に薬を化学的あるいは物理的に封入することにより比較的安定性の高い微粒子キャリアが得られることになる．

　DDSでターゲティングと共にもう1つ重要な機能は，薬の放出制御（コントロールリリース）である．長時間にわたり一定の濃度で薬を徐放したり，必要なときのみ薬を徐放するようなキャリア設計をする必要がある．一般的に高分子を用いた**薬物徐放**は次のように分けることができる．

（1）高分子中を拡散する薬の制御
（2）生分解性高分子の利用
（3）刺激応答による薬物放出

　拡散制御型は，高分子中を移動していく薬の拡散係数に依存した薬物放出挙動を示す．薬の拡散性は高分子構造や高分子鎖の運動性と相関があり，一般的にT_gの低い高分子では薬の拡散性は向上する．狭心症のニトログリセリンの徐放など，この原理を利用して実用化されたものも多い．

　生分解性高分子を利用して薬物徐放を行う場合，薬が高分子中を拡散し徐放されるメカニズムと高分子の分解に伴い薬が徐放されるメカニズムが共に起こるため，薬物徐放速度を制御するのは少し複雑になる．非水溶性高分子などのさまざまなタイプの共重合体を合成することにより薬物徐放が可能となっている．

　熱やpHなど外部環境の変化（刺激）に対応し，薬を放出する**刺激応答性高分子**を用いた検討も盛んである．特にハイドロゲルの特性を利用して，温度が高いときにだけ薬を放出するシステムが考案されている．これは低温（体温以下）では膨潤して薬を包埋している温度応答性ゲルが，温度が上がると収縮することにより薬を放出するシステムである．

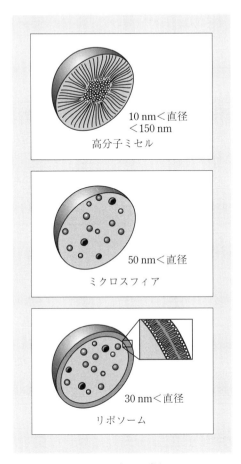

10 nm＜直径
＜150 nm
高分子ミセル

50 nm＜直径
ミクロスフィア

30 nm＜直径
リポソーム

図6.22 高分子微粒子

6.5.2　癌へのターゲティング

　人間の体は約40兆個の細胞からできている．受精した細胞が1度も死ぬことなく増殖を繰り返したとすれば約50回の分裂で到達できる回数である．各細胞は増殖の過程で臓器や器官へと分化していき最終的にヒトができあがる．しかし遺伝的あるいは環境的要因により突然変異した細胞が発生すると，これら細胞から癌細胞が出現する．癌細胞は正常細胞と異なり遺伝子に欠陥があるため際限なく細胞増殖を繰り返す．一般に正常細胞は50回程度の分裂をするとそれ以上分裂を起こさず増殖をやめてしまうが，癌細胞は少なくとも培養フラスコの中では何回でも増殖を繰り返し不死化している．癌治療が難しいのはこのように癌細胞が限りなく増殖を繰り返すためである（図6.23）．

　癌治療法としては外科療法，放射線療法，化学療法が一般的である．抗癌剤は，癌細胞に作用することにより細胞毒性を引き起こし死滅させる治療法で，白血病，リンパ腫，前立腺癌などに効果がある．しかし，固形癌には必ずしも十分な効果が認められていない．また，抗癌剤は正常細胞にも作用するため正常細胞に強い細胞毒性が起こり，副作用の原因となる．癌細胞だけに抗癌剤を誘導することにより，より効果的に癌細胞を攻撃し正常細胞への細胞毒性も低減できる新しい癌細胞へのターゲティング化薬剤の開発が検討されている．DDSの研究において癌は特に重要なターゲティング部位となっている．

　癌細胞へのターゲティングとしては大きく分けて以下の2つがある．

（1）能動的ターゲティング

（2）受動的ターゲティング

　能動的ターゲティングとは癌細胞の表面に特異的に存在するマーカー(抗原)を標的として，このマーカーに結合する抗体をもつキャリアを用いてターゲティングする方法である．

　一方，受動的ターゲティングとは癌細胞がもつ固有の性質を利用して抗癌剤を癌細胞まで輸送する方法である．癌組織ではその血管内を流れる血漿流速が正常のリンパ流速よりかなり速く，また，高分子物質の透過性は正常細胞に比べ約3〜10倍大きくなっていることが報告されている．さらに，癌組織ではこれら物質の出口となるリンパ系が正常に機能していないため，血液中の高分子物質は癌細胞において血管を透過して癌細胞周辺に選択的に集積することが明らかになってきた．このような癌細胞の特性を利用して癌細胞へターゲティング

（1）遺伝的要因

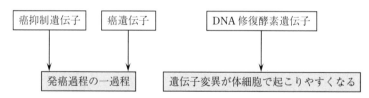

（2）環境要因

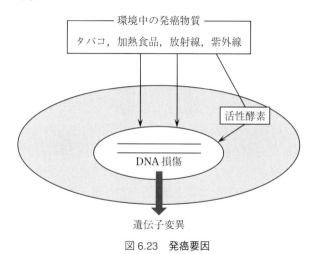

図 6.23 発癌要因

する薬剤が開発されている．スマンクスは受動的ターゲティングシステムを利用した抗癌剤で，肝臓癌を対象に用いられている．

また，リポソームなどの微粒子キャリアに抗体を結合させた能動的ターゲティングシステムも臨床試験が開始されている．

6.5.3　遺伝子治療

　1990 年，最初の本格的な**遺伝子治療**がアデノシンデアミナーゼ欠損症患者に
対し行われたが，その後，生まれつき遺伝子に異常がある先天性疾患だけでな
く，癌やエイズなど後天性疾患の治療にも遺伝子治療が検討されるようになっ
てきた．遺伝子の導入方法には，標的細胞を体外に取り出し，培養してから遺
伝子導入を行う ex vivo 法と，ベクター（運び屋）に遺伝子を乗せて体内で遺伝
子導入を行う in vivo 法とがある．ex vivo 法は体内に遺伝子を戻す前に遺伝子導
入効率を調べたり，安全性をチェックしたりできる点で優れている方法である
が，今後，対象患者が増えることや応用面での広さを考えると，遺伝子を直接
生体内に注入しできる in vivo 法が主流になると考えられている（図 6.24）．

　in vivo 法では，先ず治療したい遺伝子をベクター内部に封入し，標的となる
細胞へ運んで遺伝子を組み込ませることから始まる．遺伝子治療用ベクターと
して最も研究が進んでいるのはウイルスベクターである．ウイルスベクターと
しては，レトロウイルス，アデノウイルス，アデノアソシエートウイルス，セ
ンダイウイルスなどがあり，既に臨床に用いられているウイルスもある．

　レトロウイルスは細胞に侵入後，自らの遺伝子を宿主細胞の染色体に組み込
み，この組み込まれた遺伝子は染色体の一部として複製され，この細胞由来の
子孫の細胞に受け継がれていく．レトロウイルスは長時間にわたり遺伝子発現
が可能であるという特徴を有しているが，一方で，導入効率は必ずしも高くは
ないという欠点もある．

　アデノウイルスは遺伝子導入効率が高いとされているが，細胞毒性を示すこ
とや抗原性をもっていることなどの問題がある．さらに，染色体に遺伝子を挿
入できない点や，免疫系に攻撃を受けやすい点などいくつかの弱点が指摘され
ている．

　さらに，ウイルス自体をベクターに使用することにも問題がある．増殖ウイ
ルスにより発癌性の危険性があったり，ウイルスに対し患者の中で免疫反応が
誘導される点である．いずれの場合も患者に有害な結果をもたらす可能性があ
る．さらに，これまでの遺伝子治療の結果から徐々に明らかになってきたこと
は，遺伝子治療は 1 回の投与では十分な成果は上げられず，遺伝子を何度も投
与しなければならないということである（表 6.4，p.187）．

　一方，遺伝子治療にウイルスを使わない非ウイルス人工ベクターの利用は，

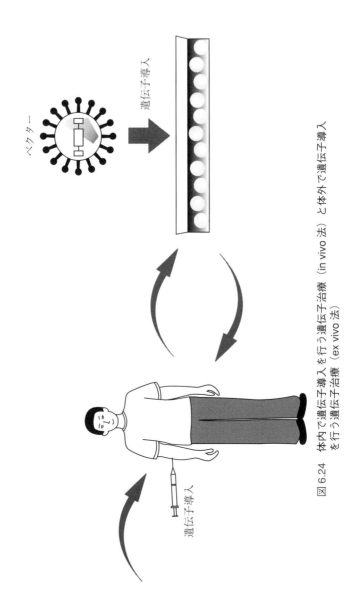

図 6.24 体内で遺伝子導入を行う遺伝子治療（in vivo 法）と体外で遺伝子導入を行う遺伝子治療（ex vivo 法）

細胞の癌化や免疫反応の誘導は伴わない点で優れている．さらに，大量生産や品質管理も容易であるため，繰り返し投与するときにはメリットが大きい．人工ベクターとしては，カチオン性高分子やカチオン性リポソームを用いた研究が盛んである（図6.25）．アニオン性のDNAとの静電的相互作用を利用し，DNA複合体を形成させ遺伝子導入を試みる方法が考案されている．また，カチオン性リポソームの内部にDNAを包埋し，細胞表面のアニオン性基とリポソームのカチオン性基との相互作用を利用し遺伝子導入の効率を向上させようとする検討もなされている．さらに，人工ベクターでは分子設計の容易さから，例えば，ガラクトースを導入し肝臓へのターゲティング機能をもつリポソーム（リガンド分子で表面修飾したリポソーム）や細胞融合を起こすウイルスであるセンダイウイルスとリポソームを組み合わせハイブリッドベクターが研究されている．

　確かに，非ウイルス人工ベクターは抗原性が低く，安全性も高いなどウイルスベクターに比べ利点を有しているが，遺伝子導入効率および発現効率が低いという問題が残っており，これらを改善できなければ新しい遺伝子治療用ベクターに用いることは難しい．さらに，in vivo で利用するには特定の細胞にターゲティングできるなどDDS機能を持ち合わせたベクターであることも望まれている．

6.5.4 将来の薬物送達材料

　新型コロナウイルス（COVID-19）によるパンデミックにより世界は一変させられたが，一方で考えられないようなスピードでmRNAワクチンが開発された．メッセンジャー RNA（mRNA）ワクチンの開発は1990年代より始まっていたが，mRNAの安定性や免疫原性等の問題からなかなか進展は見られなかった．その解決のため，mRNAを封入するデリバリーシステムも色々と検討されてきた．これまで実用化の実績があるリポソームなどによる遺伝子導入システムも試みられてきたが，それらが上手働くことはなかった．最終的には，脂質とコレステロール，ポリエチレングリコール（PEG）からなる複合体で構成される新たな**脂質ナノ粒子**（lipid nanoparticle：LNP）（図6.26, p.189）が開発されmRNAを安定的に体内に導入することに成功，ファイザー社とモデルナ社から世界初のmRNAワクチンが提供させることとなった．mRNAの優れた治

表 6.4　ベクターによる遺伝導入

		組み込み遺伝子のサイズ	長　所	短　所
ウイルスベクター	レトロウイルス	7.0〜7.5 kb	• 染色体への組み込みが可能（発現が長期） • ウイルス液の作製が比較的容易	• 非分裂細胞に導入できない • 細胞ゲノムへの組み込みにより異常を与える可能性 • in vivo での導入効率が低い
	アデノウイルス	〜30 kb	• 導入・発現効率が高い • 高濃度ウイルス液作製が容易 • in vivo 遺伝子導入が可能	• 免疫原性がある • 細胞毒性がある • 一過性発現
非ウイルスベクター	カチオニックリポソーム	制限なし	• in vivo での導入が可能 • 目的遺伝子のサイズ，数に制限がない	• 一過性発現 • 発現効率が低い
	リガンド DNA コンプレックス	制限なし	• 細胞障害が少なく in vivo での導入が可能 • 細胞組織特異的導入が可能	• 一過性発現

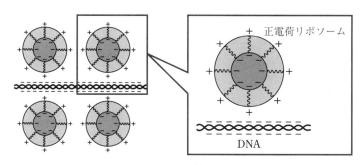

図 6.25　カチオン性リポソーム

療効果から，現在世界中で mRNA を用いた新しい核酸治療薬の開発が進められている．LNP は mRNA を安定的に保持できる材料ではあるが，生体内ではさらに優れた方法で mRNA をデリバリーしていることがわかると，モデルナ社を始め多くの企業が LNP から次のデリバリーシステムを見据えた新しい材料探索に移ってきた．

　幹細胞を体内に投与すると，幹細胞は目的臓器に届いていないにもかからず，治療効果を示すことが多数報告されてきた．その理由を探るべく多くの研究者が研究を重ねてきたが，どうやら幹細胞から分泌される物質が目的とする臓器に働きかけることでさまざまな治療効果を発揮しているということがわかってきた．つまり，幹細胞を培養すると幹細胞が分泌する物質の中にその機能を担っている物質が存在するということで，培養液中のどの物質がその機能を担うのかを探索する研究が世界中で行われるようになった．その後この物質はエクソソーム（細胞外小胞（extracellular vesicle）の一種）であることがわかり，これは細胞から分泌される直径 50 ～ 150 nm 程度の顆粒状の物質であることが示された（図 6.27）．その表面は細胞膜由来の脂質，タンパク質を含んでいるため，リポソームと同様の構造を有している．しかも内部には核酸（マイクロRNA（microRNA），mRNA，DNA など）やタンパク質などが含まれていることが明らかとなり，エクソソームは多種多様な情報をパッケージして運ぶ機能を有することが分かった．特にエクソソームは安定性に乏しい RNA を安定的に輸送でき，かつその RNA が細胞間コミュニケーションとして働いていることがわかると，エクソソームはこれまでに無い新しいデリバリーシステムに応用できるのではないかと考えられようになった．また，すべての細胞がエクソソームを放出しているため，癌細胞からも癌由来のエクソソームは分泌されている．エクソソームの特徴は分泌した細胞へのデリバリー性に優れていることだが，この性質を利用して癌細胞由来エクソソームをキャリアに用いれば，確実に癌細胞に送達される抗癌剤を開発することができるようになる．また，現在デリバリーに用いられている材料はそれ自体が毒性を持つものがほとんどだが，エクソソームは生体内細胞間コミュニケーション媒体として利用されているため，それ自体に毒性はなく極めて高い安全性も担保されている．従って，エクソソームを工学的に修飾，改質したエンジニアリングエクソソームが開発できれば，デリバリー機能と安全性に優れた次世代デリバリーシステムになると考え

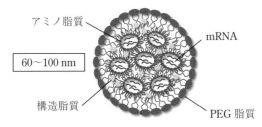

図 6.26　mRNA 用のキャリア：LNP の構造

図 6.27　エクソソームの構造

られる．現在世界中でエクソソームが新しいデリバリー材料として注目されている．

7 環境と高分子

　高分子と環境との関わりを考えたとき，先ず頭に浮かぶのは廃プラスチックの処理問題である．残された最終処理場が少なくなり，廃プラスチックを含めた処理物の問題は深刻さを増している．また，最近は高分子に含まれる超微量な内分泌かく乱物質（環境ホルモン）に対する懸念などもあり，高分子材料に対する印象はあまりよくない．高分子の負の側面がかなり強調されたためである．当然，高分子化学に携わる研究者はこれら問題の解決に向け多大な努力を払う必要がある．

　一方，地球を取り巻く環境も大きな問題を抱えている．地球環境は図 7.1 に示されるように，気圏，地圏，水圏の 3 つに大別できる．気圏の環境問題としては二酸化炭素による地球温暖化，フロンによるオゾン層の破壊，二酸化硫黄による酸性雨，有機溶媒やガソリンから蒸発する有機蒸気（Volatile Organic Compounds: VOC）などがある．地圏では廃プラスチックなどの産業廃棄物，水圏では産業排水，家庭排水による水質汚染が深刻である．しかし，高分子は水処理におけるイオン交換樹脂に見られるように，既にいくつもの高分子材料が環境浄化プロセスで重要な役割を担ってきた．二酸化炭素をその発生源で分離回収する高分子膜や，廃プラスチックのリサイクル，環境微生物により分解・消化される生分解性高分子など，地球規模で環境に役立つ新しい材料，プロセスも考えられいる．

　ここでは環境に関わる高分子材料について紹介する．

● 7.1　地球温暖化と高分子 ●

7.1.1　地球温暖化

　地球の温暖化は，地球環境における最重要課題であり，世界のエネルギー政策，環境政策に重要な影響を及ぼす問題である（図 7.2）．特に，二酸化炭素（CO_2），メタン（CH_4），亜酸化窒素（N_2O），代替フロンの削減対策は緊急に講じられる必要がある．これら**温室効果ガス**の排出抑制・削減を総合的かつ長期的に進めるには

(1) 省エネルギーの推進
(2) クリーンエネルギーの大幅導入
(3) 温室効果ガスの固定化・分離回収
(4) 革新的な環境技術の開発
(5) 次世代を担う新しいエネルギーの開発

図 7.1　さまざまな地球環境問題

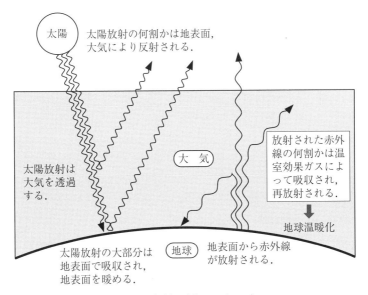

図 7.2　地球温暖化のメカニズム

などが考えられる．(1)〜(3)は既存技術の転移で対応できる環境技術であるが，(4)，(5)は新しい技術の開発に依存した方法である．しかし，(4)，(5)に関してはさまざまな提案がなされてはいるが，全面的に転換が可能な確かな回答を持たないのが現状であり，先ず(1)〜(3)を確実に実践して行くことが重要と考えられる．化石燃料の大量消費に伴う大気中への温室効果ガスの大量放出が**地球温暖化**の主原因であるが，この大量放出に対する有効な対策法の 1 つは，火力発電所など温室効果ガスの固定発生源から高濃度ガスの温室効果ガスをエネルギー消費量の少ない高分子膜で連続的に分離回収する方法である．高分子膜を用いれば，既存技術の転移で温室効果ガスの分離回収に対応できる．

　温室効果ガスの排出量を見ると世界平均では CO_2 の割合が約 64％であるのに対し，日本では CO_2 の割合が 90％を超えるため，日本における温室効果ガス対策としてはいかに CO_2 を削減できるかが鍵となる．従って，高分子膜は燃焼排ガス中から CO_2 を分離するのに使用されるため，高分子膜に要求される性能は，

　(1) 高い CO_2 透過性

　(2) 優れた（CO_2 / N_2）選択性

の 2 点となる．

　一方，CH_4 の削減も重要である．CH_4 は CO_2 に比べ温室効果が約 60 倍（CO_2 との 20 年比）もあり，さらに近年大気中への CH_4 放出増加量は CO_2 に比べ約 3 倍にも達していることからその対応が急がれている（**表 7.1**）．また，CH_4 は石油に比べクリーンなエネルギー資源であるため今後その需用の大幅な増加も見込まれている．CH_4 を利用するには天然ガス，バイオガス，ランドフィールドガスから CO_2 など不要ガスを除去する必要があるが，天然ガス，バイオガス，ランドフィールドガス中に含まれる不要ガスのほとんどは CO_2 であるため，CH_4 精製にも CO_2 分離能を持つ高分子膜が求められている．

7.1.2　CO_2 の分離回収

　それでは，回収された CO_2 はどのように処理するのであろうか．現在考えられているのは深海，石油・天然ガスを採掘した空洞，地下の帯水層などの場所に隔離することが各国の事情に応じて検討されている．しかし燃焼排ガス中の CO_2 濃度は 20％以下と低濃度であるため，深海底・廃油田・天然ガス等に CO_2 を固定化するには高濃度に濃縮した CO_2 を回収する必要がある．シュミレーシ

表 7.1　地球温暖化の指数

	時間・スケール		
	20 年	100 年	500 年
二酸化炭素	1	1	1
メタン（間接的効果を含む）	63	21	9
一酸化二窒素（亜酸化窒素）	270	290	190
CFC–11	4500	3500	1500
CFC–12	7100	7300	4500
HCFC–22	4100	1500	510

各気体 1kg の排出による温暖化の効果（CO_2 の効果に対する比）．これらの数値は，現在の大気組成に基づいて計算された最良の推定値である．
出典は IPCC 第 2 次評価報告書

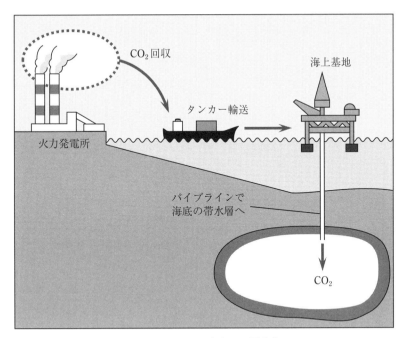

図 7.3　CO_2 の深海底への固定化

ョン解析による結果からは，**高分子膜法**による2段階カスケード法で CO_2 回収濃度 $> 90\%$ を達成するには（図7.3, p.195），

(1) CO_2 透過量 $> 1 \times 10^{-3}$（cm^3（STP）/（$cm^2 \, sec \, cm \, Hg$））

(2)（CO_2 / N_2）選択性 > 24

が必要と言われている．**膜分離法**と競合する方法としては**化学吸着法**があるが，もし高分子膜法で（1），（2）の条件を満たすことができれば化学吸着法に比べ分離能だけでなく経済性でも優位になると言われている．

(1)，(2) の透過性，選択性は既に記述したように**気体透過係数**（P）により表される．

$$P = QL = DS$$

$$P_A / P_B = (D_A / D_B)(S_A / S_B)$$

（Q：気体透過量，L：膜厚，D：拡散係数，S：溶解度係数）

気体透過性，選択性は拡散係数・溶解度係数により決定されるが，CO_2 と N_2 は分子径が近く，分子の運動性に依存する拡散係数では両者に大きな差が期待できないことから，気体の溶解度に注目して CO_2 透過性と（CO_2 / N_2）選択性を高める研究が進められている．例えば，主鎖にポリエチレンオキサイド（PEO）を含むポリイミド（図7.4）では $CO_2 / N_2 = 70$ が得られており，優れた選択性が示された（図7.5）．この高分子膜はミクロ相分離構造をとり，PEO 中への CO_2 の大きな溶解度選択性が高い（CO_2 / N_2）選択性に繋がったと考えられる．

一方，CO_2 と特異的な親和性を有するキャリア膜を用いた**液膜分離法**も検討されている．ほとんどの研究はエチレンジアミン（EDA）あるいはその誘導体と CO_2 の相互作用（CO_2-EDA）を利用した液膜である．液膜の CO_2 透過機構は促進輸送に従うため，固相膜である高分子膜に比べ極めて高い選択性が得られる特徴がある．例えば，Nafion からなる高分子膜に EDA を担持した膜の選択性を評価すると，$CO_2 / N_2 > 10^2$ という極めて高い分離性能が得られている．

$$CO_2 + H_2N(CH_2)_2NH_2 \rightleftharpoons {}^+H_3N(CH_2)_2NHCOO^-$$

しかし，液膜はキャリアの安定性，溶媒の蒸発による透過性の低下，薄膜化の困難さ等クリアーすべき問題も多い．もし長期の CO_2 透過安定性が実現できれば，高分子膜にキャリアを担持する液膜は高い選択性を有するため，一段回で最も効率良く CO_2 を分離回収することが可能となる．

一方，膜分離プロセスを考えると，高透過性膜を用いたほうが装置の小型化

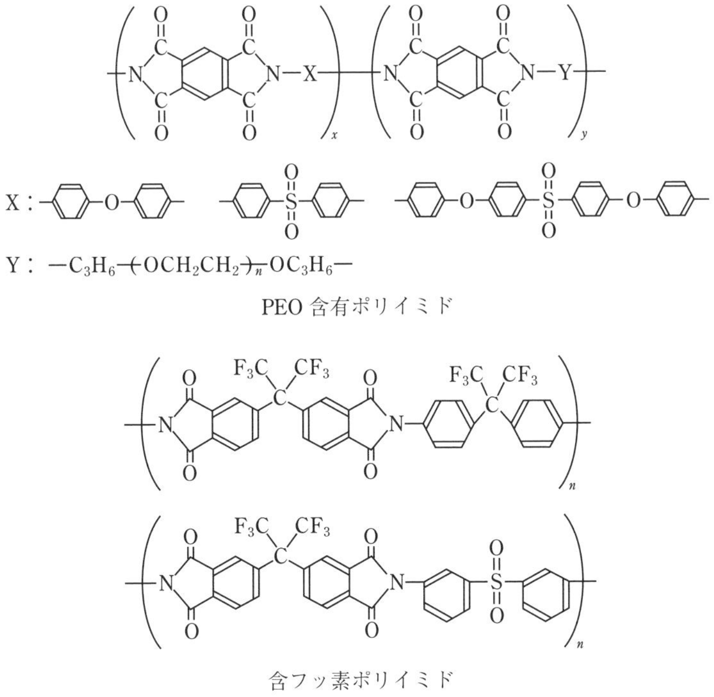

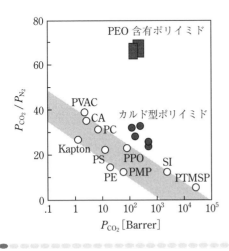

X : （構造式）

Y : $-C_3H_6+(OCH_2CH_2)_n OC_3H_6-$

PEO 含有ポリイミド

含フッ素ポリイミド

図 7.4 ポリイミドの構造

図 7.5 高分子膜における P_{CO_2} と（P_{CO_2}/P_{CH_4}）選択性の関係. Barrer：10^{-10} [cm^3 (STP)/(cm^2 sec cm Hg)]

が可能となるため，経済性が飛躍的に向上することが知られている．従って，CO_2分離膜の実用化を考えると高いCO_2透過性を有する高分子膜の開発が重要となる．透過性は膜の厚さに依存することは既に述べたが，高CO_2透過膜を得る1つの方法は，超薄膜の高分子分離膜を作製することである．無欠陥で気体分離活性を有するスキン層の厚さを10 nm程度まで制御することが可能な超薄膜スキン層を有する含フッ素ポリイミド非対称膜（表面が無欠陥なスキン層とそれを支える多孔質層からなる膜）は$Q_{CO_2} > 1 \times 10^{-3}[cm^3(STP)/(cm^2 \sec cm Hg)]$，選択性も$CO_2 / N_2 > 24$（$CO_2 / N_2$混合ガス）を示し，上で述べた条件をクリアーすることに成功している．今後，中空糸膜化などが可能となれば実用化される可能性は高い．

7.1.3　CH₄分離膜

　次に**CH₄分離膜**について述べよう．一般に高分子膜のP_{CO_2}と（CO_2 /CH_4）選択性の間には負の相関が成り立つことが知られており，両者を満足させる高分子膜を合成することは大変難しいとされている（（CO_2 /CH_4）選択性は60程度）．これまでにも多く高分子膜が合成され，そのP_{CO_2}と（CO_2 /CH_4）選択性が検討されてきた．しかし，P_{CO_2}と（CO_2 /CH_4）選択性の両者をともに高めることは不可能であった．しかし先程示した超薄膜スキン層を有する含フッ素ポリイミド非対称膜では，図7.6で見られるようにQ_{CO_2}と（CO_2 /CH_4）選択性の間には正の相関が認められ，表面スキン層が薄膜化されればされるほど，つまりCO_2透過性が高くなればなるほど選択性は向上することが明らかになった（6FDA-DDS非対称膜では$CO_2 /CH_4 = 152$が報告されている）．

　また，非対称構造を有するポリスルホン中空糸膜もポリスルホン平膜の選択性（$CO_2 /CH_4 = 30$）を大きく上回る高い選択性（$CO_2 /CH_4 = 83$）を示すことが報告されている．これは中空糸膜の作製時に高度に配向された薄膜スキン層が表面に形成されたためである．このように，高分子膜を薄膜化したり膜表面をコントロールするだけで高い透過性と選択性を実現できることが明らかにされており，これら手法は新しい分離膜を設計する上での1つの指針となろう．

● 天然ガス ● ●

　今後エネルギー政策の抜本的な見直しが進む中，**天然ガス**の重要性がますます高まると考えられる．二酸化炭素の排出量は石油の約70%，石炭の約50%で

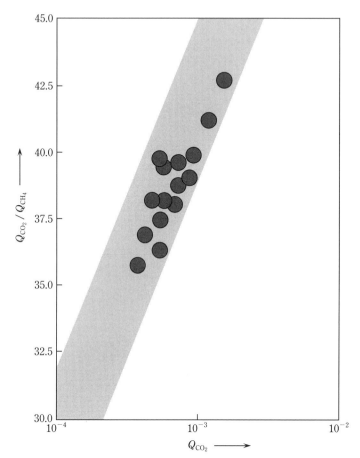

図 7.6　含フッ素ポリイミド非対称膜の Q_{CO_2} と（Q_{CO_2}/Q_{CH_4}）選択性の関係

あり，大気汚染の原因となる窒素酸化物の排出量も石油の約 40％，石炭の約
30％と少ないことがその理由である．さらに天然ガスは石油のように地域的偏
りが少なく，日本にとっては日本周辺でも多くの埋蔵量が期待できるなどエネ
ルギー安全保障上の観点からも利点がある．ただ，国内で天然ガスの利用を推
進するためにはパイプラインなどインフラ整備が必要となる．さらに天然ガス
中の CH_4 を精製し利用するには，天然ガス中に含まれる CO_2 など不要ガスを除
去する必要がある．先に示した CH_4 分離膜などはその有力な候補となろう．

　これまで述べてきたように，CO_2 分離膜あるいは CH_4 分離膜の開発は新規膜
素材の合成と新しい製膜法による分離膜の設計という両面から展開されている．
温暖化問題の解決は容易ではないが，高分子膜もその対策技術の1つとして極
めて重要な地位を占めており，これら研究が一日も早く実用化されることが望
まれている．

7.1.4　CO_2 ネガティブエミッションの実現に向けて

　カーボンニュートラルの技術領域は広く，その実現可能性やポテンシャル，研
究段階の技術など多岐に渡るため，全体像を把握することは難しい．しかし，本
命技術を大まかに分類すれば以下の3つにすることができる．

　（1）　供給サイドからの CO_2 削減：再生可能エネルギーや水素など
　（2）　需要サイドからの CO_2 削減：自動車や船舶等の電動化など
　（3）　CO_2 回収・分離

CO_2 回収・分離からカーボンニュートラルを眺めると，対象とする領域は高
濃度 CO_2（10％以上）からの回収・分離と，低濃度 CO_2（5％以下）からの回
収・分離に分けられる（図7.7）．高濃度 CO_2 からの回収・分離は火力発電所
等の大規模 CO_2 発生源から CO_2 を分離・回収して，廃油田や海底等の地下に
CO_2 を圧入して貯蔵する CO_2 回収・貯蔵（Carbon Dioxide Capture and Storage
（CCS））技術となる．既に CO_2 の分離回収で述べたような高分子膜の性能が実
現できれば CCS の実用化につながる（p.194）．

　一方で低濃度 CO_2 からの回収・分離で最も期待されている技術は，大気中
（0.04％）から CO_2 を回収（Direct Air Capture（DAC））し，それを化学品に
転換（Carbon Dioxide Capture and Utilization（CCU））する，あるいは直接地
下に圧入して貯蔵する DAC-CCS 技術である．特に DAC-CCS は CO_2 排出量を

図 7.7　CO$_2$ 濃度に依存した回収方法

温室効果ガスを封じ込めろ

　人類が石炭，石油などの化石燃料を大量消費し始めたのは 19 世紀に本格化した産業革命以降のことである．今のまま，化石燃料を大量に消費し二酸化炭素などの温室効果ガスを排出し続ければ，2100 年には地球の平均気温は 3 度上昇し，海面も最大 1 メートル上昇，地球規模で砂漠化が進むと考えられている．その対策としてエネルギー利用の効率を高めたり，代替エネルギー利用の拡大を促進することが検討されているが，それだけでは問題は解決できないとの認識が広がっている．地球温暖化を抑制するためにはあらゆる方法を用いる必要があるが，その 1 つとして『温室効果ガスの封じ込め』が考えられている．

　温室効果ガスを封じ込める場所としては地中と海中が考えられている．地中では石炭層や枯渇した油田や天然ガス田などが検討されている．石炭層には，低コストで温室効果ガスを封じ込められると考えられているが，まだその技術が確立されていない．一方，油田や天然ガス田に二酸化炭素を封じ込めることは，既にノルウェーなどで行われている．しかし，その収容能力はあまり大きくないといった問題がある．

　最も大きな期待が寄せられているのは，海中，特に深海である．海底までパイプラインを敷設したり，ドライアイスを投入するなどの方法が検討されている．まだ，技術面で問題があり，環境への影響も明らかにされていないため直には実用化できないが，深海を利用した場合数千年の封じ込めも可能と考えられており，地球温暖化対策として大変大きな期待が寄せられている．

直接削減（ネガティブエミッション）することができるため，地球温暖化を止めることができる技術として世界中で最も期待されている．しかし，それを実用化可能なコストに抑えることは極めて難しく，求められるコスト（10,000円/1 ton CO_2 以下）に到達した研究は未だない．現在，世界中で研究されているDAC-CCSはすべて吸着剤等である．確かに吸着剤は大気中の低濃度 CO_2 を確実に捕まえることはできる．しかし，CO_2 脱着時にはかなりのエネルギーを要するため，結果としてコストを下げることができない．さらに，大量の吸着剤を使用するため，その設置コストは莫大となる．

　高分子膜でもその検討が行われている．その候補として最も有望な高分子材料は，微多孔性高分子であるPIM（Polymer of Intrinsic Microporosity）系高分子である．PIM系膜の代表的な高分子の構造と気体透過性を図7.8と表7.2に示す．PIM系膜の特徴は，高分子膜中に存在する固有な微細孔が非常に大きな表面積を持ち，その孔に気体が溶解することにより気体透過性が向上するという，気体透過機序にある（PIM-1の孔径は2 nm程度と定義されている）．また，成膜時にPIM系膜をアルコール溶液に浸漬し孔をさらに押し広げる処理を行うと，気体透過性が5〜7倍程度向上することも知られている．これらの気体透過性は報告されている高分子材料では最高の値を示す．しかしこのような前処理を施すとPIM系膜の気体透過性は経時的な影響を受け，時間とともに著しく減少し処理前の気体透過性に近づくことが知られている．高分子材料に依存はするが，早い材料では数日，遅くとも数ヶ月で処理前の気体透過性まで透過性は低下する．これはPIMのPhysical Agingが原因であると考えられており，気体透過性の減少は拡散性の低下が原因であると考えられている．一方で溶解性は経時的な影響をあまり受けないこともわかってきた．

　現状報告されている高分子膜単独では，DAC-CCSで求められている高い気体透過係数を満たすことは不可能と考えられている（20,000 Barrer以上）．そのような背景から，多孔質ナノ粒子を高分子膜内に分散して気体透過性を高めようという検討が進められている．これらの膜はMMM（Mixed-Matrix Membrane）と呼ばれ，盛んに研究が行われている．しかし，孔径が CO_2 分子程度の大きさである多孔質粒子の場合，（CO_2/N_2）選択性は向上するが CO_2 透過性は著しく低下して目標に到達しない．一方，CO_2 分子より大きな孔径を持つ多孔質粒子を用いれば CO_2 透過性は向上するが（数倍程度），（CO_2/N_2）選択性は減少し，

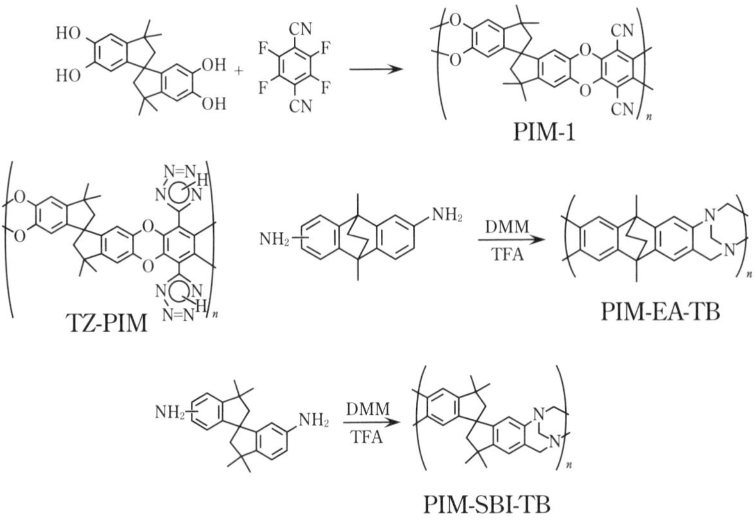

図 7.8 高い CO_2 透過性を示す高分子

表 7.2 PIM 系高分子の気体透過係数と選択性の関係

ポリマー	P_{CO_2}	P_{CO_2}/P_{N_2}	P_{H_2}	P_{H_2}/P_{N_2}
PIM-1	2300	25	—	—
PIM-1 (メタノール)	11200	18	3300	5
TZ-PIM-1 (メタノール)	3510	29	—	—
PIM-EA-TB (メタノール)	7140	14	7760	15
PIM-SBI-TB (メタノール)	2900	13	2200	9

P の単位：Barrer $= 1 \times 10^{-10}$ [cm^3 (STP) cm / ($cm^2 \cdot sec \cdot cmHg$)]．

やはり目標値には到達できない．さらなる MMM の改良が必要である．

　CO_2 透過性を著しく向上される分離膜設計として，ナノ粒子表面を剛直な分子構造を用いて修飾することで高分子膜中に「ナノスペース」を形成させ，ナノスペースが持つ高い拡散性により，非常に高い気体透過性が実現させるという新しいアイデアが提案された（図 7.9）．そのナノ粒子は非多孔質ナノ粒子であるため，ナノ粒子自体は気体透過性を持たない．従って，高い透過性を実現するには，ナノ粒子表面の修飾構造に加え，ナノ粒子の集合体（クラスタリング）の形成が必要となる．一般的にナノ粒子を高分子膜中に添加すると，粒子が凝集体を形成することにより凝集体間隙が形成され気体選択性が著しく低下することが知られている．しかしこのアイデアの表面修飾ナノ粒子では，その表面修飾分子構造によりこのような空隙が生じず，かつクラスター（連続的なナノ粒子パスの形成）の連続性が増加することで複合膜の気体透過性は飛躍的に向上することが明らかとなり，CO_2 透過係数は 40,000 Barrer を超え世界最高値を示した．今後この表面修飾ナノ粒子を含んだ高分子膜の薄膜化が実現できれば，その高分子膜を用いて DAC が検討されるようになり，CO_2 ネガティブエミッションが実現される可能性がある．

● 7.2　高分子のリサイクル ●

　高分子材料，特にプラスチックは，生活が豊かになるにつれその消費は増加の一途を辿っている．しかし，廃プラスチックを含めた廃棄物の処理問題は最終処埋場の余力が乏しくなってきたことや，廃プラスチック，特にポリ塩化ビニルに関連した内分泌かく乱物質（環境ホルモン）の問題が注目されるようになり，プラスチックのリサイクルとその処理方法に社会的な大きな関心が寄せられるようになってきた．今後は，このような問題への配慮なしで高分子材料を合成し商品化することは不可能となり，循環型社会に適応した高分子材料を設計，開発していくことが求められようになっている．

　本来，リサイクルは資源の有効利用にその主旨があるが，現在は再資源化率が低く，比較的高いと言われている古紙やアルミ缶回収でも 50% 程度に留まっている．しかも再生の際には原料資源を混ぜ再生品の質の低下を防いでいる．しかし，いずれ枯渇する化石燃料に頼った再生法ではなく，原料資源なしでも品質低下を伴わない新しいリサイクルシステムを確立する必要がある．もしこ

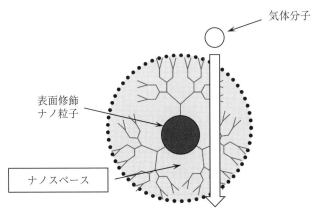

気体分子

表面修飾
ナノ粒子

ナノスペース

表面修飾ナノ粒子

・分岐構造によるナノスペースの確保

 拡散性の向上

・任意の官能基導入による特定の気体との相互作用

 溶解性の向上

図7.9 **表面修飾ナノ粒子の構造**

のようなシステムが実現されると，資源の有効利用は確実に進み，化石燃料の埋蔵量に依存しない完全な**循環型社会**が実現されることになる．そのためには，リサイクルを前提とした材料設計を行い，品質が低下しないリサイクル技術を確立することが必要である．

現在のプラスチックのリサイクルには

（1）素材から素材へのリサイクルである**マテリアルリサイクル**

（2）焼却などにより熱エネルギーとして回収する**サーマルリサイクル**

（3）廃プラスチックを化学的に分解し原料を回収する**ケミカルリサイクル**

がある．

● マテリアルリサイクル ● ●

マテリアルリサイクルには，単一のプラスチックのみを集めて再ペレット化し再生品とする単純再生法と，物性の似たプラスチックを集め溶融・成型加工する複合再生法がある．

● サーマルリサイクル ● ●

サーマルリサイクルは，プラスチック類などの廃棄物を燃料に利用する方法で，直接燃焼することにより発電用の熱源として使用する方法や，廃棄物を破砕し固形燃料にする方法がある．しかし，リサイクルの理念に照らし合わせるとサーマルリサイクル法はその理念からかなり逸脱した方法と感じられる．また，燃焼の際にダイオキシンなどが発生することを考えると大きな問題を抱えたリサイクル法と言えよう．

● ケミカルリサイクル ● ●

ケミカルリサイクルには，高炉原料化，油化，モノマーへの分解などの方法がある．高炉原料化とは，製鉄高炉で用いられるコークス（還元剤）の代替として廃プラスチックを利用する方法で，既に多くの廃プラスチックが製鉄所で高炉原料として用いられている．コークスの投入量を抑えることで，地球温暖化の元凶とされる二酸化炭素の排出量を削減できることも大きな利点となっている．廃プラスチックを用いることによりコークスによる二酸化炭素発生量を3分の2程度にまで低減できる．

油化も既に実用化された方法で高炉原料化に比べればその規模はまだ小さいが，現在油化プラントの計画が実行されている．廃プラスチックを油化に戻す原理を簡単に言えば，高分子材料を加熱して分子を切断，分解し，低分子のガ

┌─ **深刻な土壌・地下水汚染** ─────────────────────

　土壌や地下水が，銅やカドミウム，水銀などの重金属類やテトラクロロエチレンやトリクロロエチレンなどの有機塩素系化合物，ベンゼンなどの一般有機化合物などに汚染されると，自然の力でそれらを浄化するには大変な時間を要することになる．そのため，長期間汚染物質が蓄積されることになり，人体や生活環境への悪影響が指摘されている．特に市街地の土壌汚染の件数は年々増加しており，深刻な問題となっている．

　欧米では早くからこれら汚染に対する法的処置がとられてきたが，日本でも最近ようやく土壌や地下水を守るため法規制が強化されるようになってきた．浄化技術の進歩に伴い，土壌汚染の浄化ビジネスの市場規模はますます大きくなるであろう．

　土壌・地下水汚染の進行で最近特に注目を浴びだした浄化技術にバイオレメディエーションがある．微生物の働きを利用して，有害物質を効率良く浄化する方法である．具体的な方法として，

　(1) 酸素などの栄養分を土壌に吹き込み微生物の働きを活発化させる
　(2) 土壌から分解能力の高い微生物を採取し，汚染された土壌に散布する
　(3) 組み替えDNA技術を用い分解能の高い人工微生物をつくり，汚染された
　　　土壌に散布する

などが考えられている．

　遺伝子操作した微生物を用いてダイオキシン汚染土壌の浄化技術の研究も進められており，土壌・地下水汚染の浄化は新しい環境ビジネスとして大変な注目を浴びている．

└────────────────────────────────

ソリンや灯油，軽油として回収すると言うことになる．しかし，現在のプラスチックは熱に対する安定性が高いため熱分解はしにくく，塩素ガスを発生するポリ塩化ビニルなどは分別し除去して加熱するなどの問題もあり，いかに高効率で燃料油を回収できるかがポイントとなる．また，廃プラスチックをモノマーへ分解することができれば，プラスチックの再資源化が可能となる．現在いくつかのプラスチックでモノマー化を目指した研究が進められている．

● リユース ● ● ●

　リサイクルを考えたとき，廃プラスチックの再利用に要する消費エネルギー量も考慮する必要がある．廃プラスチックの再生処理でエネルギー的に最も有効な方法は，廃プラスチックのリユースである．**リユース**とは廃プラスチックを洗浄し再利用する方法で，材料に特別な加工を施さないためエネルギー的にもまたコストの面でも最も優れたリサイクル法である．現在のプラスチックは耐久性に優れているため理論的にはリユースは十分可能であり，他のリサイクル法に比べ優先されるべきリサイクル法である．今後プラスチックの規格（材質，形，色など）が統一できれば，使用量が多い使い捨てプラスチックで実現可能となろう．

　ケミカルリサイクルを前提とした新しい高分子材料の合成も紹介しよう．今後，使用量が多い使い捨てプラスチックなどで利用できると資源の有効利用に繋がる合成法である．例えばポリカーボネイトを合成する場合，ビスフェノールAとホスゲンから合成する重合法が最も一般的な手法である．しかし，新しい合成法は猛毒のホスゲンを使わずに固相法や溶融法で重合できるため，溶媒も不要となり環境に考慮した合成法といえる（図7.10）．モノマーへの分解は，ポリカーボネイトをメタノール溶液中で分解することにより得られる．今後は多くのプラスチックでケミカルリサイクルが適用できる新しい高分子材料を設計し合成する必要がある．

　リサイクルの中でも，廃プラスチックの問題はその量から考えて最も難しいとされてきた．しかし，廃プラスチックを有効に活用し使用しようとする動きは確実に広がりを見せている．消費者や自治体が廃プラスチックをきちんと分別し収集を行うことにより，その再利用の効率は確実に高まると思われる．

● 7.3　生分解性高分子 ●

　資源のリサイクルの推進とともに，環境低負荷型の材料を合成する新しい技術が求められている．特に，プラスチック産業が今後も持続的に発展するには，プラスチックの廃棄物のリサイクル技術の確立とともに環境低負荷型のプラスチックを開発する必要がある．そのような中，**生分解性高分子**が新素材として注目されるようになった．

　生分解性高分子とは，自然界において微生物が関与して低分子化合物に分解

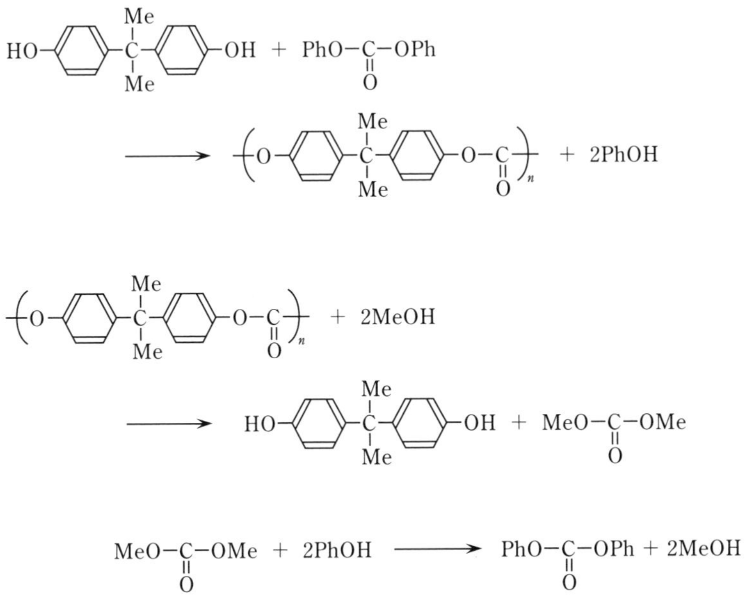

図 7.10 ポリカーボネイトのケミカルリサイクル

される高分子のことを言う．土壌中や水中に存在する微生物は体外に分解酵素を分泌し，特定の植物セルロース，動物性タンパク質，微生物内で作られるポリエステルなどの高分子を分解してアミノ酸などの低分子化合物に分解する．この過程は図 7.11 に示すように進行する．**一次分解**とはこのような体外分泌酵素により高分子材料の主鎖が切断され低分子化される分解過程を呼ぶ．分解された低分子化合物は微生物体内に取り込まれ体内のさまざまな代謝経路を経て，最終的には二酸化炭素やメタン，水にまで分解される．このような場合，高分子材料は完全に分解されたことになる．

　生分解性高分子材料を開発する上で常に心に留めておくことは，材料から分解された分解生成物が自然環境に悪影響を与えないということである．つまり，自然界と調和する高分子材料を設計する必要がある．

　生分解性高分子を大別すると

（1）微生物がつくる高分子

（2）動植物由来の高分子

（3）化学合成でつくる高分子

の 3 つのタイプに分けられる．

　微生物がつくる生分解性高分子としては，ポリヒドロキシブチレート（PHB）に代表される脂肪族ポリエステル類，セルロース，プルランなどの多糖類，ポリグルタミン酸などのポリアミン酸類がよく知られている．動植物由来の生分解性高分子には，セルロースやエビ・カニ殻成分であるキチン，このキチンの加水分解物であるキトサンなどがあり，合成高分子による生分解性材料では，ポリエステル，ポリエチレングリコール，ポリビニルアルコールなどの一部が酵素により分解されることが明らかになっている．

7.3.1　微生物がつくる高分子

　ポリヒドロキシブチレート（PHB）は大変多くの微生物内で生合成され，微生物のエネルギー源として蓄えられていることが知られている．しかし，微生物がつくる PHB ホモポリマーは結晶性が高く優れた強度を有する反面，大変脆いという欠点を持つため工業用の高分子材料としては利用されてこなかった．ところが，微生物に与える栄養源を選択することにより共重合ポリエステル類が合成できることが見出され，硬い材料から柔らかい材料まで様々な特徴をも

図 7.11 微生物による高分子材料の分解過程

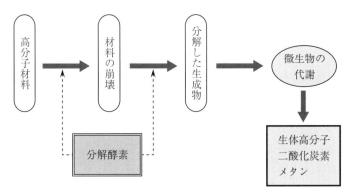

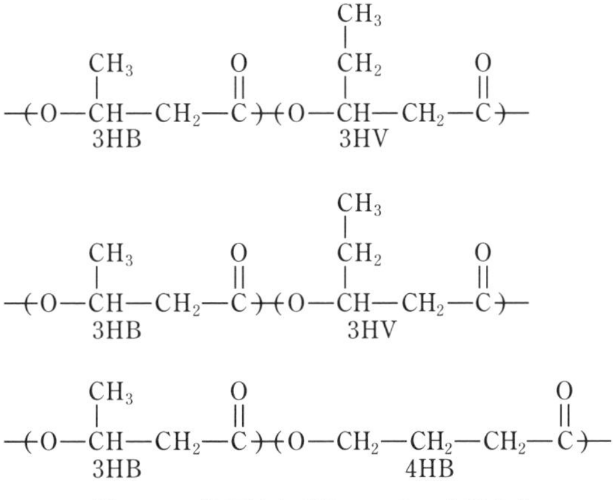

図 7.12 代表的なポリエステル共重合体

つ生分解性ポリエステル類が生合成できることが明らかになった（図7.12. p.211）.

　例えば，P(3HB-4HB) の特性を汎用高分子材料と比較すると，その特性は汎用高分子とほぼ同程度の値を示すことがわかる（表7.3）. 4HB の含有量が少ない場合は，脆い材料となるが，その含有量が増えると柔軟性を持つ材料へと変化するためである. また，この P(3HB-4HB) を土壌中に埋めその分解性を評価すると，埋めたときの条件にもよるが1ヶ月程度から数ヶ月で完全に分解されることも明らかにされている.

　微生物が生産する**多糖類**もこれまでに多くのものが見出されてきた. 微生物は細胞内，細胞壁，あるいは細胞外で多糖類を生産している. 細胞外多糖は微生物の保水性の確保や栄養素，イオン類の吸収などのために利用されていると考えられているが，この細胞外に排出された多糖類はその構造により様々な特性を持つため，医薬品や食品を始め多くの分野で利用されることが期待されている. 現在までに知られている多糖類の代表はセルロースやカードラン，プルランなどである（図7.13）. 今後，微生物による多糖類が汎用性高分子材料として広く利用されるようになるには，生産性をいかに高めるかが問題となる.

7.3.2　動植物由来の高分子

　セルロースは地球上で最も多く存在する天然高分子で，紙，パルプ，衣料などで広く利用されている. セルロースは単純で規則的な繰り返し構造からなる高分子で，セルロース間で働く水素結合のため結晶性の高い高分子である. そのため，セルロースを加工するのはかなり難しく，加工性に優れた新しいセルロース誘導体の開発が進められている. セルロース誘導体を生分解性材料として応用しようとする試みも数多くなされており，その微生物分解性や酵素分解性が調べられている.

　エビ・カニ殻成分の**キチン**もセルロースと構造類似の天然多糖で，その生成量は極めて多い天然高分子である. キチンは不溶・不融であるため脱アセチル化した**キトサン**を化学修飾することにより可溶化し生分解性材料に応用する研究が進められている（図7.14）.

表 7.3 *P*(3HB–4HB)$_2$ 汎用高分子の比較

材 質	引張強度 (kg/cm^2)	伸 度 (%)	融 点 (℃)
P(3HB–4HB)	100〜300	50〜500	140〜170
ポリエチレン	125	850	120
ポリプロピレン	340	750	160

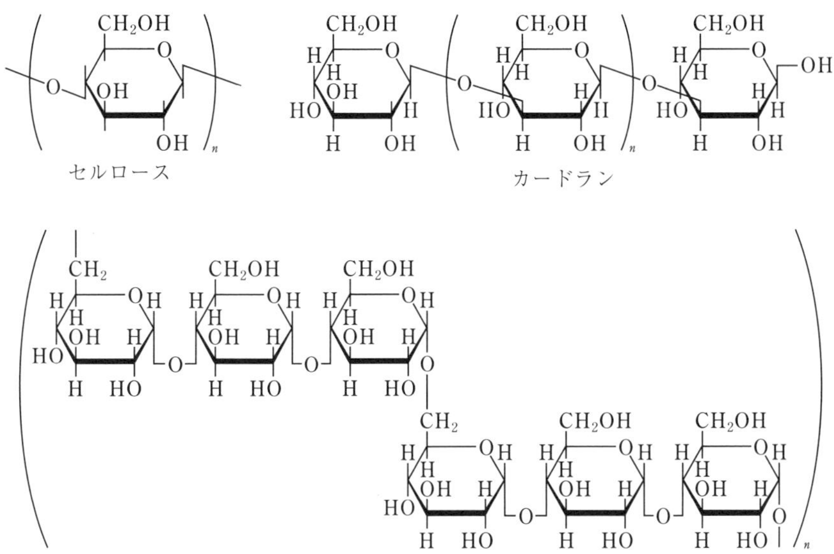

図 7.13 代表的な多糖類の構造

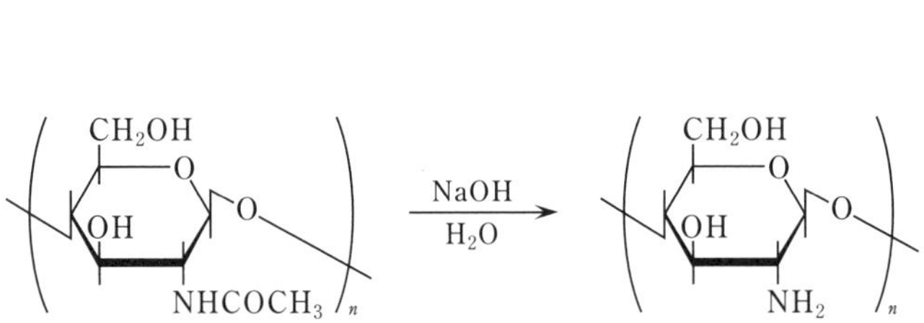

図 7.14 キチンからキトサンの合成

7.3.3　化学合成でつくる高分子

微生物により生産される生分解性高分子，動植物由来の高分子は現在ではまだその構造や特性がかなり制限されている．一方，化学合成法でつくる生分解性高分子材料は多岐に渡る構造の高分子が合成可能であり，加工性にも優れているという利点がある．主鎖構造としては脂肪族ポリエステルやペプチド結合をもつ高分子が加水分解されやすく，脂肪族エーテル結合やウレタン結合も分解しやすい．

● 脂肪族ポリエステル ● ●

高分子量の脂肪族ポリエステルは一般に有機金属触媒を用いて合成される（図7.12）．脂肪族ポリエステルの中でもポリグルコール酸やポリ乳酸，およびその共重合体は生体外分解性材料として，あるいは生体内吸収性高分子材料として活発に研究されている．臨床的にも既に縫合糸に代表される医用分野で利用されている．また，側鎖にカルボキシル基をもつ脂肪族ポリエステルは，側鎖の触媒的効果により主鎖の加水分解が促進され生分解性が高められることも明らかにされている．

● 脂肪族ポリエーテル ● ●

脂肪族ポリエーテルも微生物により分解されることが知られている．環状エステルエーテルを開環共重合したポリエステルエーテルの生分解性もリパーゼなどの酵素を用い検討されている（図7.16）．例えば，主鎖のメチレン鎖が長いほど，また，側鎖のメチル基が少ないほど分解性は高く，結晶化度が低いほど分解しやすい．

● ポリビニルアルコール ● ●

水溶性高分子であるポリビニルアルコールも土壌中の分解菌により分解されることが明らかにされている．

生分解性高分子材料は二酸化炭素や水などに分解されるので環境に負荷のかからない『夢のプラスチック』といえる．汎用プラスチックの代用高分子として実用化される可能性は極めて高いが，その普及率が高まるには既存のプラスチックに比べ数倍から数十倍高い製造コストをいかに下げられるかである．しかし，その需要が高まれば，経済原理に従い当然そのコストは下がると考えられる．従って今後求められるのは，生分解性材料が実際の条件でどの程度分解されるのか，また分解生成物が環境に与える影響はどの程度なのかを明らかに

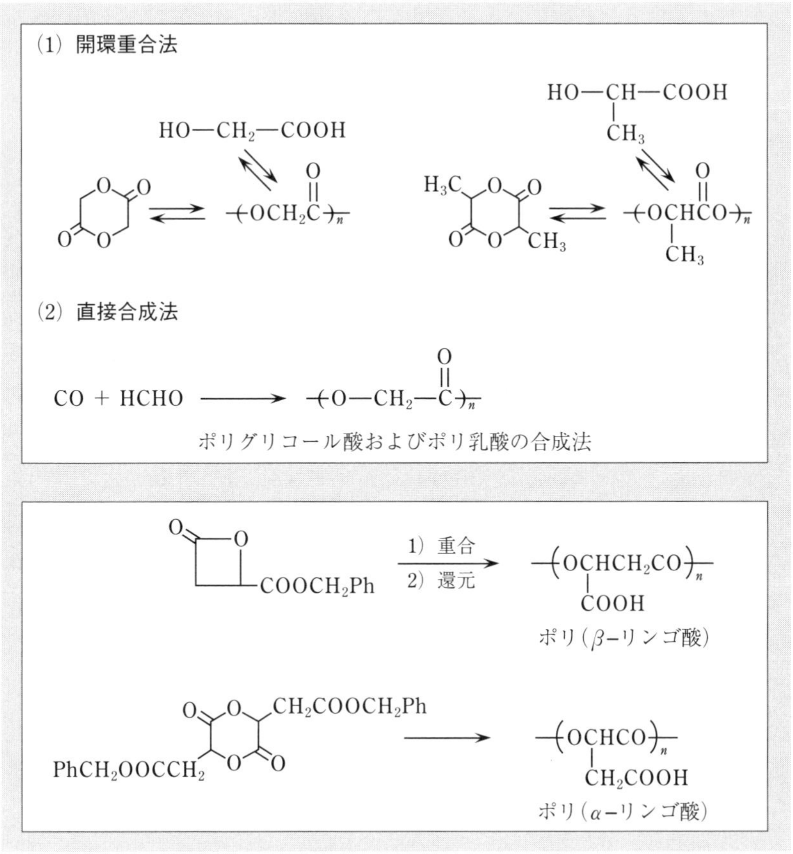

（1）開環重合法

HO—CH₂—COOH

HO—CH—COOH
　　　　│
　　　　CH₃

ポリグリコール酸およびポリ乳酸の合成法

（2）直接合成法

CO + HCHO ⟶ $+\!(O\!-\!CH_2\!-\!\overset{O}{\underset{||}{C}})_n$

図 7.15　脂肪族ポリエステルの合成

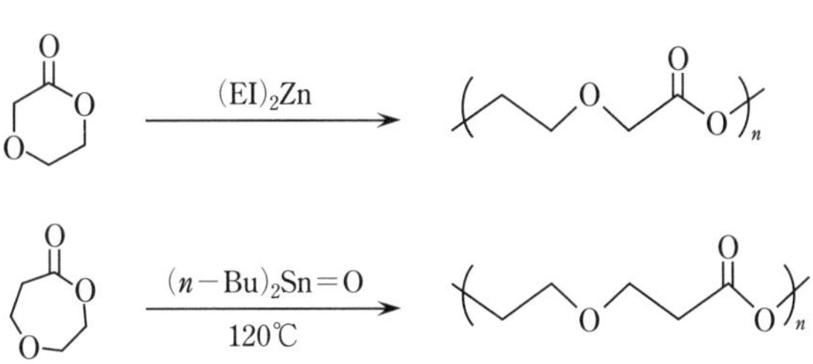

ポリ（β-リンゴ酸）

ポリ（α-リンゴ酸）

図 7.16　開環重合によるポリエステルエーテルの合成

していくことである．いずれにせよ，生分解性高分子材料は環境問題を解決する重要なキーテクノロジーの1つであることは明らかである（図7.17）．

●7.4　水と高分子●

　21世紀の地球環境を考えたとき，重要なテーマの1つに『水』の問題がある．海，河川，湖，沼，地下水などの水環境の保全と安定した水資源の確保は今日的な問題としても重要であるが，さらに，人口増加や経済活動の拡大による水需要の増加は，特に人口増加が急激な開発途上国で深刻な水不足をもたらすとして危惧されている．また，地球温暖化などによる地球規模での大気循環の変動による気候変化，特に乾燥地帯の移動と拡大による砂漠化に伴う水不足など，水に関わるさまざまな問題が指摘されている．

　地球表面の約70%は水に覆われているが，淡水は僅か3%で，この淡水は人間だけでなく，植物，動物の生命維持にも不可欠である．「海の水が飲めたら…」．水不足解消の1つの解決策は海水の淡水化であろう．しかし，逆浸透膜による海水の淡水は海に近い限られた地域のみが利用可能であるなどその利用には制限があるため，大多数の地域では地上に存在する3%の淡水に頼ることになる．この3%は地球全体が生命を維持するのに十分な量の淡水ではある．

　しかし，産業排水や家庭排水による河川や湖水，地下水などの水質汚染により，貴重な淡水が生活水としてそのままでは利用できない状態がつくられようとしている．つまり水質汚染により利用できる淡水量が減少しているのである．さらに，淡水の需要量は世界人口と経済活動の拡大により上昇している．これは農業用水，工業用水として需要が増加しているためである．従って，有限な水資源を有効に利用するためには，水の再利用が可能な循環型の水循環サイクルを構築する必要がある．

　水質汚染で特に問題となるのは，半導体工場や金属加工工場で洗浄剤として用いられるトリクロロエチレンなどのハロゲン系有機物，農薬類，農地で過剰に施肥された窒素系肥料や，家庭排水から出される窒素化合物が分解された硝酸性窒素化合物などである．さらに，最近は工場から放出されたダイオキシンが河川に流入し，河川の生体系を汚染する問題も指摘されている．硝酸性窒素化合物は従来の浄化処理では除去できず，また，ダイオキシン除去も困難である．高分子材料は浄水，排水および汚泥処理など幅広く水処理に対応できるた

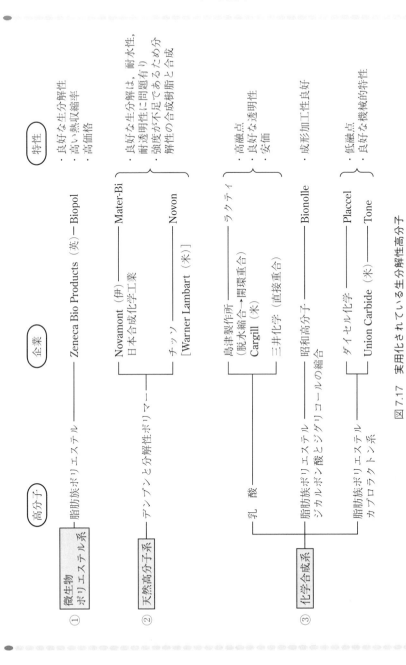

図 7.17 実用化されている生分解性高分子

め，今後も水質汚染対策の中心として利用されると考えられる．

　高分子を用いた**水処理法**は大きく分けると，次の 3 通りになる．

(1) 分離膜法

(2) イオン交換樹脂法

(3) 生物処理法

　分離膜法は既に解説したように孔径によりその利用が分類される．多くの濾過膜の中では，逆浸透膜やナノ濾過膜を用いた汚染物質分離が最も広く検討されている．これら高分子膜を用いた場合には，農薬類や硝酸性窒素化合物などの低分子量有機化合物の分離が可能になるなどの利点がある．また，ハロゲン系有機物の分離にはパーベーパレーション法やナノ濾過膜を用いた研究が行われている．膜分離法の長所は，省エネルギー的に対象物質を分離できる点にある．一方，分離膜による水処理法の最大の問題点は，膜表面や孔内に処理対象物質が付着したり堆積する，いわゆるファウリングにより濾過物質の流量が著しく低下することである（図 7.18）．高分子膜表面を親水化したり，膜表面電位を制御することによりファウリングを抑制する試みが精力的に行われている．

　イオン交換樹脂法も水処理に利用されている．例えば，メッキ廃液の回収・精製，ボイラー給水の軟水化，超純水の製造などである．イオン交換樹脂法の問題は，いかに容易に樹脂を再生し，再利用できるかである．

　工業排水では生物処理法が広く用いられている．これは自然の自浄作用を応用し，微生物の分解能力や代謝反応を効率よく利用しようとする方法である．微生物には酸素を必要とする好気性と必要としない嫌気性の 2 種類があるが，生物処理法で利用される微生物は一般的には好気性微生物である．ただし，好気性微生物を用いると常に酸素を供給する必要があるため，コストの面で問題が出てくる．しかし，微生物が分解する有機物の適用濃度範囲は広く，他の処理法とも容易に組み合わせることができるため，好気性微生物を用いた研究は活発に展開されており，既に一部実用化されている装置もある．実用化されている方法は，ポリプロピレンなどの高分子中空糸を処理槽内に充填し，中空糸膜の濾過機能も利用しながらその内部に微生物を入れ，微生物により汚染物質の分解を促進させるシステムである．また，好気性微生物を高分子材料に担持させ，浄化を行う処理法も考案されている．この場合は，いかに高密度で微生物を高分子に担持できるかがポイントとなる．

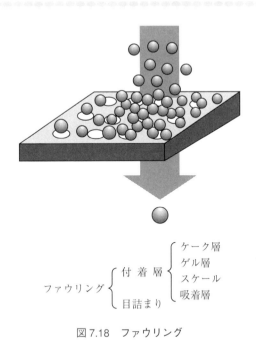

$$\text{ファウリング}\begin{cases} \text{付 着 層}\begin{cases} \text{ケーク層} \\ \text{ゲル層} \\ \text{スケール} \\ \text{吸着層} \end{cases} \\ \text{目詰まり} \end{cases}$$

図7.18　ファウリング

　一方，嫌気性微生物を利用する方法も検討されている．例えば，嫌気性微生物のメタン細菌は，分解した有機物をメタンガスの形で生成するため，そのメタンを回収することができれば貴重なエネルギー資源として再利用することができる．

　高分子材料が水の浄化や排水処理などで広く用いられていること，さらに将来に渡り重要な役割を果たすことを示した．当然，高分子材料に要求される条件は益々厳しくなるため，革新的な水処理能力を持つ新しい高分子材料の開発が必要となろう．しかし，将来も人類が水を安定に利用できるようにするためには，水資源の管理方法も見直す必要がある．水の無駄な利用を抑え，水の再利用率を高め，水質汚染の防止とその浄化を促進し，河川や湖などの環境保護政策を実施するなど，新しい水循環システムを構築する必要がある．

● 7.5 砂漠と高分子 ●

現在，世界では1年間に九州と四国の合計面積に匹敵する規模の土地が砂漠化されている．砂漠化の主要因は過耕作と過放牧などによる土地の酷使による人為的要因である．しかし今後は地球規模での気候変化による砂漠化も起こることが指摘されている．砂漠化は食料不足や地域の生活条件の悪化をもたらし，深刻化な場合には飢餓を引きおこすことになる．さらに，もし大規模な食料不足が発生すると人類存続の危機にも繋がる．砂漠化防止には人為要因を取り除くことが最も有効であるが，さらに一歩進めて積極的に砂漠化された土地を再生し，食料の生産を可能にする砂漠の緑化も考案されている．

砂漠の緑化の1つの方法は，人工湖をつくりこれを利用して砂漠を潅漑しようというものである．海からパイプラインを引き人工湖を建設するものである．

一方，高分子を用いた緑化の方法もある．吸水性の高い高分子材料を地中に広く埋設することにより，雨水などを貯え，緑化を図る方法である．紙おむつなどの衛生用品に多く使われている高吸水性高分子は，それ自身の数十倍から数千倍にまで水を吸うことができる材料であるため，保水性が高い．ただし，吸水性高分子も地中で微生物により分解されないと土壌に堆積されるという問題が生じるため，地中で微生物により二酸化炭素と水などに分解される生分解性吸水性高分子が求められている．

一般に吸水性高分子には，高分子電解質などの水溶性高分子を架橋などの手法により不溶化させた高分子が用いられている（図7.19）．例えば，セルロース系高分子やポリビニルアルコール系高分子，ポリアクリル酸系高分子などを不溶化した材料が合成されその吸水性が検討されている（表7.4）．既に多くの高分子で高い保水性をもつ材料が開発され実用化されているが，砂漠の緑化にこれら材料を用いるにはどのようにして生分解性機能を持たせるか，この点がポイントとなる．

開発途上国で深刻化する砂漠化問題の解決には国際的な協力が必要不可欠である．その中でも日本のもつ経済性と技術力に対する各国の期待は大きく，環境問題で日本が世界に貢献できる1つのテーマと言えよう．

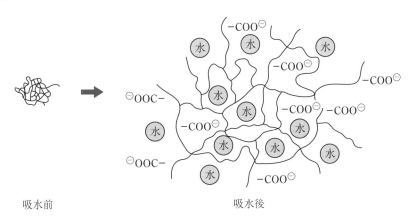

吸水前   吸水後

図7.19　吸水性高分子の構造変化

表7.4　吸水性高分子の分類

高分子	a) デンプン系	グラフト重合 カルボキシメチル化
	b) セルロース系	グラフト重合 カルボキシメチル化
	c) 合成ポリマー系	ポリアクリル酸塩系 ポリビニルアルコール系 ポリアクリルアミド系 ポリオキシエチレン系
不溶化法	a) グラフト重合 b) 橋かけ剤の共重合 c) 水溶性ポリマーの3次元化 d) 自己橋かけ重合 e) 放射線照射 f) 結晶構造の導入	
親水化法	a) 親水性モノマーの重合 b) 疎水性モノマーへのカルボキシメチル化反応 c) 疎水性ポリマーへの親水性モノマーのグラフト反応 d) ニトリル基，エステル基の加水分解反応	

生分解性プラスチックは環境保全の救世主になれるか

　植物を原料にした生分解性プラスチックが生産され，生分解性プラスチックもいよいよ本格的な実用化段階に突入してきた．石油から製造される従来のプラスチックに比べ，植物から作られる生分解性プラスチックは，化石燃料の消費量を低減でき，しかも地中で分解されるため『地球環境に優しい』プラスチックと言える．さらに植物からプラスチックを作るため資源も再生可能であり，石油のように資源が枯渇する心配もない．

　現在，植物を原料にした生分解性プラスチックの中で最も有望なプラスチックはポリラクチド（PLA）である．この製造方法はトウモロコシなどの植物から糖質を抽出し，その糖質を微生物を用いることにより発酵させ乳酸を生産させる．さらに乳酸を重合することによりPLAを得る方法である．さらに最近は，遺伝子操作された農作物を作り，その農作物の中で直接プラスチックを栽培する方法が進められている．

　すべてにおいて順調に見える生分解性プラスチックの開発であるが，1つ大きな問題がある．植物から生分解性プラスチックを製造する過程はかなり複雑であるため，その製造過程で，従来の石油から作るプラスチックに比べはるかに多くのエネルギーを消費するということである．原料に化石燃料の使わないため資源の消費は抑えられるが，大気中への二酸化炭素排出量は増加することになり，地球温暖化を加速する可能性がある．その対策として，植物を燃料とする方法が検討されている．植物を燃料にしたときに排出される二酸化炭素は，翌年同じ植物が生長し同量の二酸化炭素を吸収するため，理論上は増えないことになる．

　生分解性プラスチックは，これらの問題を解決して初めて本当の意味で『地球環境に優しい』プラスチックと言えるようになる．

さらに高分子化学を詳しく勉強したい人のために

1章

高分子学会編，高分子科学の基礎，東京化学同人

小林四郎　著，高分子材料化学，朝倉書店

土田英俊　著，高分子の科学，培風館

野瀬卓平，中浜精一，宮田清蔵　編，大学院高分子科学，
　　講談社サイエンティフィク

2章

大津隆行　著，高分子合成の化学，化学同人

西久保忠臣　著，ベーシックマスター　高分子化学，オーム社

3章

高分子学会編，高性能芳香族系高分子材料，丸善

高分子学会編，高性能ポリマーアロイ，丸善

4章

高分子学会編，分離・輸送機能材料，共立出版

仲川　勤　著，膜のはたらき，共立出版

5章

高分子学会編，生命工学材料，共立出版

高分子学会編，医療機能材料，共立出版

中林宣男　監修，医療高分子材料の開発と応用，シーエムシー

中林宣男，石原一彦，岩崎泰彦　著，バイオマテリアル，コロナ社

上田　実　編，ティッシュ・エンジニアリング，名古屋大学出版

6章

土肥義治　編，生分解性高分子材料，工業調査会

なお，ここで挙げた出版物は，本書の執筆においても参考にさせて頂いた．
この場を借りて御礼申し上げます．

索　引

著者略歴

川 上 浩 良
かわ　かみ　ひろ　よし

1991 年　早稲田大学大学院理工学研究科博士課程修了
　　　　　（工学博士）
現　　在　東京都立大学都市環境学部教授（環境応用化学科）

主 要 著 書
医療用高分子材料の開発と応用（(株)シーエムシー）共著
材料化学の最前線（講談社）共著
ぼくもノーベル賞をとるぞ（朝日新聞社）共著

ライブラリ工科系物質科学＝6

工学のための **高分子材料化学 ［新訂版］**

2001 年 9 月 10 日©	初 版 発 行
2018 年 9 月 25 日	初版第 8 刷発行
2024 年 4 月 10 日©	新 訂 版 発 行

著　者　川 上 浩 良　　発行者　森 平 敏 孝
　　　　　　　　　　　　印刷者　中 澤　　眞
　　　　　　　　　　　　製本者　小 西 惠 介

発行所　　**株式会社　サイエンス社**

〒151-0051　東京都渋谷区千駄ヶ谷 1 丁目 3 番 25 号
営業 TEL　（03）5474-8500（代）　　振替　00170-7-2387
編集 TEL　（03）5474-8600（代）
FAX　　　（03）5474-8900

印刷　(株)シナノ　　製本　(株)ブックアート
《検印省略》

ISBN978-4-7819-1602-6

PRINTED IN JAPAN

サイエンス社のホームページのご案内
https://www.saiensu.co.jp
ご意見・ご要望は
rikei@saiensu.co.jp　まで.